放射性废物管理立法研究丛书

我国放射性废物管理

刘新华　主编

生态环境部核与辐射安全中心

中国环境出版集团 · 北京

图书在版编目（CIP）数据

我国放射性废物管理/刘新华主编. —北京：中国环境出版集团，2020.12

（放射性废物管理立法研究丛书）

ISBN 978-7-5111-4472-0

Ⅰ. ①我… Ⅱ. ①刘… Ⅲ. ①放射性废物—废物管理—研究—中国 Ⅳ. ①TL94

中国版本图书馆 CIP 数据核字（2020）第 205349 号

出 版 人　武德凯
责任编辑　董蓓蓓
责任校对　任　丽
封面设计　宋　瑞

出版发行　中国环境出版集团
（100062　北京市东城区广渠门内大街 16 号）
网　　址：http://www.cesp.com.cn
电子邮箱：bjgl@cesp.com.cn
联系电话：010-67112765（编辑管理部）
发行热线：010-67125803，010-67113405（传真）
印　　刷　北京中科印刷有限公司
经　　销　各地新华书店
版　　次　2020 年 12 月第 1 版
印　　次　2020 年 12 月第 1 次印刷
开　　本　787×1092　1/16
印　　张　13.25
字　　数　210 千字
定　　价　65.00 元

编委会

主　编

刘新华

副主编

雷　强　何　玮

编著人员

雷　强　何　玮　王春丽　祝兆文　张　宇　李小龙

魏方欣　徐春艳

放射性废物管理立法研究丛书

序

我国放射性废物管理工作与核工业相伴而生，随着核能与核技术利用的发展而不断壮大。经过五十多年的努力，老旧核设施退役与废物处理取得了较大进展，初步形成了与之相匹配的处理处置能力；高放废物地质处置地下实验室正在建设，研究工作正在稳步推进；核电厂废物处理设施健全，实现了“三同时”。

习近平总书记强调，“老旧核设施、历史遗留放射性废物等风险不容忽视”。我国放射性废物管理面临安全风险不断加大的严峻挑战，安全管理压力不断增加。我国早期建设的核设施已逐渐进入退役高峰期，不仅已积存大量低、中放遗留废物，而且其退役还会产生更大量的放射性废物。中放废物处理和中等深度处置尚处于概念阶段，亟待加强管理并实现安全处置。核电低放废物处置场落地困难，核电废物处置去向悬而未决。部分核电厂固体废物超出其贮存寿期和暂存库设计容量，借助其他新建核电厂的废物库暂存，暂存风险与日俱增。核技术利用发展迅速，产生大量废放射源等核技术利用废物。废放射源由于整备和处置路线未定而大量积存。这些问题与核能和核技术发展需求严重不适应，更造成较大安全潜在风险。

自 2016 年以来，在潘自强、柴之芳等院士的组织和支持下，依托中国工程院重点咨询项目和中国科学院学部评议项目，生态环境部核与辐射安全中心牵头的研究团队承担了放射性废物管理法律法规体系研究和放射性废物环境安全问题及对策研究工作，从体制机制和长期安全角度，对国内外放射性废物管理的现状与问题进行了系统梳理和分析，提出专门法律的缺失是放射性废物管理严重滞后于核能发展、处置问题难以解决且愈加突出的关键因素。起草的《关于尽快制定〈放射性废物管理法〉的建议》《关于完善我国放射性废物处置组织机构体系的建议》等多份院士建议，得到国家领导和相关部委领导高度重视，领导批示要求研究落实放射性废物管理立法工作。在上述研究和建议的推动下，国家相关部委和核工业界对制定放射性废物管理专门法律形成共识。

（1）放射性废物管理的复杂性、系统性、长期性需要专门立法。放射性废物从产生、处理、贮存，到处置及处置后的长期监护，涉及环节多、周期长、管理层级繁杂、系统性强。我国放射性废物来自早期核工业、核能、核技术利用和矿产资源开发利用等多个重要领域，范围广、数量大，具有巨大的长期潜在危害。放射性废物若管理不善，将对生态环境产生难以估量的严重损害，造成资源的重大损失，并危及社会稳定。因此，有必要制定放射性废物管理法，构建系统、完善、专门的责任与规范体系，防范长期安全风险，推动放射性废物管理与核能事业同步发展，维护国家长久安全。

（2）专门立法有助于明确放射性废物管理基本原则。放射性废物的潜在危害可持续几百年到上万年，甚至百万年，保护后代、不给未来人类造成不适当负担是国际原子能机构放射性废物管理的基本原则之一。同时，放射性废物管理涉及中央政府、地方政府、废物产生单位和处理处置单位等，只有明确界定各自责任，才能保证放射性废物及时安全处理处置。只有制定放射性废物管理法，才可以充分确立放射性废物管理代际公平和责任划分等基本原则。

（3）专门立法有利于建立和完善放射性废物管理基础性制度。放射性废物管理资金涉及核设施退役基金的提取，固体废物处置收费办法，处置设施建设、运行资金及关闭后长期监护基金管理，环境补偿机制等。责任主体众多，涉及政府，废物产生单位、处理单位和处置单位；时间周期长，涉及当代和未来。放射性废物管理资金管理体系复杂，需要通过放射性废物管理法建立。

（4）专门立法是完善核与辐射领域法律体系，切实保证依法、高效、合理管理放射性废物的需要。现行《核安全法》《放射性污染防治法》和正在征求意见的《原子能法》，从总体核安全、放射性污染防治和核领域综合性管理的角度对放射性废物做出了原则性规定，但基于其定位、功能和性质，不能对放射性废物全寿期、全要素、全流程的复杂问题进行系统、完整、具体的规范。从国际上看，有核国家均有放射性废物管理的法律。法国是世界上核领域法律体系最完善的国家，实现了能源自主、安全、独立，电价稳定和环境安全。因此，我国亟待制定放射性废物管理法，进一步完善核领域法律体系。

（5）专门立法是确保国家安全的需要。我国放射性废物当前主要来源于早期核工业，退役缓慢，存在厂房外环境污染，潜在安全风险极大。当前我国在建核电机组居世界第一，核电和后处理产生的中低放和高放废物不断增加。核技术和放射性同位素应用将产生大量放射性废物。铀矿和稀土等矿产资源开发范围广、数量大，存在潜在危害。放射性废物如何有效管理已成为全社会普遍关注的重大问题，若处理处置不当，将危及国家安全。目前，对放射性废物的处理处置，国务院有关部门、地方人民政府和相关企业意见不统一，甚至存在矛盾冲突，亟待制定放射性废物管理法，有效管理放射性废物，解决上述问题，消除国家安全隐患。

（6）专门立法是提升我国核实力的需要。经过多年发展，我国放射性废物管理工作取得了一定成绩，但总体进展缓慢、整体技术水平较低，成为核能发展中的“卡脖子”问题。放射性废物处理处置技术复杂、政策性强，需要社会参与和专业化公司运营，应充分利用社会资源，发挥专业技术优势，促进技术创新和事业发展，以进一步提高放射性废物管理的安全水平和技术能力。我国应制定放射性废物管理法，完善体制机制，以创新驱动发展，推动突破、掌握核心技术，进一步提升国家核实力。

（7）专门立法是国际履约和促进国际合作的需要。十届全国人大常委会第二十一次会议批准加入《乏燃料管理安全和放射性废物管理安全联合公约》，我国成为该公约的缔约国。制定放射性废物管理法是公约对缔约国的要求，我国政府已经做出承诺。制定放射性废物管理法，履行国际承诺，有利于树立我国负责任核大国形象，也有利于促进国际交流与合作，更有利于国内放射性废物管理水平的持续提升。

2019 年 3 月，生态环境部核与辐射安全中心设立放射性废物管理立法研究课题，全面开展放射性废物管理立法论证和相关制度设计的研究工作，推动放射性废物管理法纳入全国人大立法计划。立法研究课题组依托院士和业内资深专家，组织开展放射性废物管理立法调研，起草放射性废物管理法草案，并联合中国核电发展中心、海军研究院、中国核电工程有限公司、中核清原公司、中国辐射防护研究院、大亚湾核电环保有限公司等单位专家，对立法必要性和可行性、与现有法律的关系、责任划分、低放废物处置、资金支持等 40 多个专题开展论证研究，形成 40 多份研究报告。课题组编制完成的《放射性废物管理现状调研报告》获得中国科协 2019 年“全国十佳调研报告”称号，《关于尽快制定〈放射性废物管理法〉的建议》获国家领导批示并要求开展立法工作，得到生态环境部、国防科工局、国家能源局等相关部门的支持，推动放射性废物管理立法向前迈出坚实一步。公众也希望有一部规范放射性废物管理行为的法律尽快出台，十三届全国人大二次会议和三次会议均有多个议案建议制定放射性废物管理专门法律。制定放射性废物管理法已具备广泛社会基础。

习近平总书记强调，只有实行最严格的制度、最严密的法治，才能为生态文明建设提供可靠保障。因此，应通过制定放射性废物管理法对放射性废物全寿期、全要素、全流程的复杂问题做出系统、完整、具体的规范。

（1）明确处置责任划分。明确省级地方政府为核电低放废物处置的责任主体，具体负责处置设施的选址和长期监护；核电企业承担废物处置所需的所有费用；建立问责机制，推进低放废物区域处置场和集中处置场建设，加快解决核电废物处置难题。

（2）建立和完善放射性废物管理组织机构。在国务院现有机构框架下，组建放射性废物管理执行机构，统一负责全国放射性废物管理的顶层设计和统筹规划，组织实施高放废物和中放废物的地质处置。

（3）编制并实施国家放射性废物管理计划。明确放射性废物管理计划的编制主体和程序，建立计划实施的评估机制。

（4）完善放射性废物管理资金保障制度。明确资金来源、管理主体、使用范围和方法等，为放射性废物管理研发，处置设施选址、建造、运行、关闭和关闭后监护以及跨区域补偿等提供资金保障。

（5）建立公众参与机制。建立完善的沟通协商机制和信息公开制度，保障放射性废物处置设施选址、建造、运行，特别是长期监护中的公众知情权，增强公众信心，妥善引导公众合理表达诉求。

为更好地推动放射性废物管理立法工作，课题组联合中国核电发展中心、海军研究院、中国原子能科学研究院、中核战略规划研究总院和深圳中广核工程设计有限公司等单位专家编制了“放射性废物管理立法研究丛书”。丛书内容包括国外放射性废物管理法律概述、国内放射性废物管理、国外放射性废物管理、国外放射性废物管理组织机构、放射性废物处理处置技术等方面，为放射性废物管理立法论证和相关制度设计提供全面技术支持。

在放射性废物管理立法研究和丛书编著过程中，得到生态环境部核与辐射安全中心放射性废物管理立法论证研究项目、北京世创核安全基金会、核设施退役及放射性废物治理科研项目“低中放废物处置法规标准体系和管理机制研究”的支持，以及潘自强院士、胡思得院士、柴之芳院士、赵成昆、杨朝飞、翟勇、刘森林、曲志敏、赵永康、赵永明、林森、杨永平、吴恒等专家的指导、支持和帮助。值此，对上述领导和专家表示衷心感谢和崇高敬意。

限于我们知识水平，难免存在不妥之处，望读者批评指正。

刘新华

2020 年 11 月

前言

核能、核技术利用以及矿产资源开发利用的发展不可避免地产生放射性废物。放射性废物对人体健康和环境安全带来长期威胁，其典型特征是持续时间长，可达万年量级，只能采用包容、隔离和阻滞等处置方法使其中的放射性核素无法进入人类可接近的环境，直至衰变到可接受的安全水平。

放射性废物对人体健康和环境安全的影响自核能发展之初就受到国际社会和公众的广泛关注，邻避现象频发，放射性废物已和核安全一起，成为影响核能可持续发展的两大关键因素。切尔诺贝利和日本福岛核事故后，当地区域生态环境的演化也向人们展示了放射性对环境安全的巨大影响。近年，我国核电事业迅速发展，核电机组总数全球第二，在建机组数全球第一。核能和核技术利用事业快速发展，稀土等矿产资源开发利用日渐广泛，产生的放射性废物数量与日剧增。早期建设的军工设施已逐渐进入退役高峰期，不仅大量历史遗留废物亟待处置，退役过程中还将产生更大量放射性废物。放射性废物处置压力巨大。与此相对的是，我国核电厂放射性废物处置场缺失、中放废物处置未启动、高放废物处置场址未确定、天然放射性废物处置政策空白，大量放射性废物在设施或场址内暂存，人体健康和环境安全潜在风险日趋严峻。

本书梳理了国内放射性废物管理现状，提出尽快制定《放射性废物管理法》等建议和对策，以期为提升我国放射性废物安全管理水平提供借鉴，以保障生态环境安全与人体健康，推进核能可持续发展，实现能源经济包容性增长。

本书正文部分共 10 章，主要内容为：

第 1 章 概念及背景意义介绍，包括放射性废物管理所涉及各方面及其管理意义；

第 2 章 我国放射性废物的来源与分类；

第 3 章 我国放射性废物管理政策与管理体系，包括我国放射性废物管理、处置政策以及放射性废物管理相关法律法规和标准；

第 4 章 核设施放射性废物管理，包括核电站的废物管理以及核燃料循环设施的废物管理，并介绍了核设施废物的处理实例；

第 5 章 铀矿开采和矿冶废物管理，包括铀矿开采废物管理、铀矿冶废物管理，并介绍了铀矿开采和矿冶废物管理实例；

第 6 章 核技术应用放射性废物管理，包括核技术应用放射性废物的来源、分类、特征及管理；

第 7 章 铀（钍）矿产资源开发利用放射性废物管理，包括铀（钍）废物的来源及管理；

第 8 章 放射性废物处置，包括极低放废物的处置，低、中放废物的处置，高放废物和 α 废物的处置以及铀矿冶废物的处置；

第 9 章 退役废物管理，包括退役废物来源、分类以及退役废物的整备、贮存，并介绍了极低放废物和免管废物的管理；

第 10 章 放射性废物管理存在的问题及对策建议，包括目前我国放射性废物管理存在的主要问题以及对问题的相关对策与建议。

本书第 1 章由魏方欣、雷强编写，第 2 章由徐春艳、王春丽编写，第 3 章由何玮、雷强编写，第 4 章由祝兆文、张宇编写，第 5 章由雷强、祝兆文编写，第 6 章由李小龙、张宇编写，第 7 章由张宇、雷强编写，第 8 章由雷强、王春丽编写，第 9 章由王春丽、雷强编写，第 10 章由魏方欣、徐春艳编写。全书由雷强、何玮校核，刘新华审稿。

在本书的编制过程中，丛书编写组的其他同志提出了许多宝贵的意见，谨向他们表示感谢。

本书可供放射性废物管理、环境影响评价、核法律等领域的研究、设计和审评人员参考，也可作为大专院校相关专业的参考教材。

因编写时间仓促、编纂水平有限，书中难免存在不足，恳请广大读者批评指正并提出宝贵意见。

编　者

2020 年 11 月

目 录

第1章 概述

1.1 背景

核能与核技术利用的发展不可避免地产生放射性废物。放射性废物对环境安全的影响自核能发展之初就受到国际社会和公众的广泛关注，邻避现象频发，放射性废物已和核安全一起，成为影响核能可持续发展的两大关键因素。切尔诺贝利和日本福岛核事故后，当地区域生态环境的演化也向人们展示了放射性对环境安全的巨大影响。放射性废物含有大量放射性核素，对环境安全具有重要影响，其典型特征是持续时间长，可达万年量级，且不可逆，只能采用包容、隔离和阻滞等处置方法使其中的放射性核素无法进入人类可接近的环境，直至衰变到可接受的安全水平。因此，放射性废物的环境安全问题本质上是处置问题。

放射性废物管理以安全为目标，以处置为核心。处置是放射性废物的最终归宿，也是废物分类管理的出发点。由于放射性废物来源复杂、所含放射性核素多样，分类贯穿于放射性废物管理的始终。放射性废物分类是各国放射性废物管理政策中的核心内容。但放射性废物分类理念也在不断发展变化，从最初关注操作人员的辐射防护到 2009 年国际原子能机构（IAEA）发布了基于处置长期安全的放射性废物分类体系。目前在国际范围内已对基于处置长期安全的放射性废物分类体系形成共识。在基于处置长期安全的放射性废物分类体系中，放射性废物分为极短寿命放射性废物、极低水平放射性废物、低水平放射性废物、中水平放射性废物和高水平放射性废物五类，分别对应于贮存衰变后解控、填埋处置、近地表处置、中等深度处置和深地质处置等处置方式。IAEA 针对各类处置长期设施的管理与监管体系，设施选址、设计、建造、关闭和关闭后安全，以及安全评价和安全全过程系统分析等，制定了专门的安全要求与安全导则，作为各国制定放射性废物处置相关政策与法规标准的重要参考。

放射性废物处置是乏燃料管理安全与放射性废物管理安全的重要内容。IAEA 于 1997 年通过《乏燃料管理安全和放射性废物管理安全联合公约》（以下称《联合公约》），要求缔约方建立并维持一套控制乏燃料和放射性废物管理安全的法律法规体系，通过加强本国措施和国际合作，包括与安全有关的技术合作，在世界范围内达到和维持对放射性废物的高水平安全管理。《联合公约》要求缔约国每三年提交一次履约报告，描述履行《联合公约》义务所采取的措施，包括制定的放射性废物管理政策、立法与监管体系、安全要求以及相关管理实践等内容，同时接受其他缔约国的审查。我国于 2006 年正式签署加入《联合公约》，放射性废物的安全管理受到《联合公约》约束。目前，我国已完成第三次国家履约报告的编制和审查。

随着人们对放射性废物安全特性认识的深入，与其他工业有毒有害废物相比，放射性废物受到更大关注。IAEA 于 1995 年发布了《放射性废物管理原则》（SS-111-F），提出保护后代、不给后代造成不当负担等 9 条管理原则。2006 年，IAEA 联合世界卫生组织、欧洲原子能委员会、联合国粮农组织、联合国环境规划署等多个国际组织发布《安全基本原则》（SF-1），着重提出：鉴于放射性废物管理可能跨越世世代代，必须考虑许可证持有者和监管者对现有的和今后可能出现的责任的履行问题，还必须就责任的连续性以及长期提供资金做出规定，以及对放射性废物的管理必须避免给子孙后代造成不应有的负担，即产生废物的几代人必须为废物的长期管理寻求并采用安全、切实可行和环境上可接受的解决方案。IAEA 同时成立放射性废物安全标准顾问委员会（WASSAC），发布了一系列有关放射性废物管理的要求与导则，包括《放射性废物近地表处置》（WS-R-1）、《放射性废物地质处置》（WS-R-4）等。近年来，放射性废物处置安全研究取得新进展，经济合作与发展组织核能机构（OECD/NEA）和 IAEA 提出并发展了安全全过程系统分析的概念，IAEA 随之对与放射性废物处置相关的安全标准进行了大范围修订，发布了《放射性废物处置要求》（SSR-5）、《放射性废物处置安全全过程系统分析与安全评价》（SSG-23）等一系列安全要求和导则。

综合看，IAEA 针对放射性废物处置建立了较为完善的安全导则体系，美国、法国、日本、瑞典和芬兰等国家在极低放废物、低放废物、中放废物和高放废物处置实践与监管方面积累了成熟经验，并具有较为完备的法规标准体系。然而，还应看到目前放射性废物处置在政策、管理、技术和社会接受等方面都面临挑战：①虽然 IAEA 制定的安全要求与导则具有国际共识，但其多为原则性要求，要转化为可行的法规标准，还应考虑各国放射性废物监管体系和具体需求。②废物源项复杂，统一管理存在困难：来源涉及领域多，包括核电厂、铀浓缩、后处理、铀矿冶，科研、工业、农业和医用等核技术利用，天然存在放射性物质（NORM）等；核素种类多达几十种，从低毒到高毒，并伴有化学毒性；活度水平范围广，从几 Bq/g 解控水平到 10^{14} Bq/g 的典型高放废物水平；废物体形式复杂，包括固化体、废金属设备、废放射源、乏燃料等；早期核武器研发和制造遗留废物源项未知；各国对中等深度处置源项的认识还存在较大差异等。③处置时间尺度极长，导致安全评价结果不确定性大：废物处置所需安全隔离时间尺度长，低放废物需要300年以上，高放废物则达1万年以上。在极长时间尺度下对处置系统长期行为的预测存在较大不确定性，如何科学评价和提高评价结果可信度是长期面临的难题。长期管理和监管面临困难，同时对财政支持依赖程度高。④邻避效应与代际公平问题突出：代际公平问题涉及社会伦理，对未来人类的保护存在政策、管理和技术上的困难。

当前，我国在建和运行核电机组已达56个，居世界第三位，而且还在快速增长。截至2016年年底，我国核电机组运行产生的低放固体废物已积存1.3万 m^3，且以每年约3 000 m^3 的速度递增。退役废物量通常为运行废物量的3～5倍。乏燃料年产生量近1 000 t，到2020年总量达到1万t。核燃料循环设施遗留各类长寿命中放废物累积近1万 m^3、高放废液几千立方米，陆续退役还将产生更大量放射性废物。核技术利用发展迅速，国家废源库，核燃料循环设施废物库和各省、自治区、直辖市放射性废物暂存库已收贮废旧密封源约20万枚。据2006年年底—2009年全国第一次污染源普查，天然放射性核素含量较高的工业固体废物达1.7亿t，其中属于放射性废物的有703万t。截至2017年年底，西北处置场已经处置了约1.4万 m^3 低放核燃料循环设施废物，北龙处置场建成后未运营。我国核电厂放射性废物处置场缺失、中放废物处置未启动、高放废物处置场址未确定、天然放射性废物处置政策空白，放射性废物只能在设施或场址内暂存，环境潜在风险日益增大。

放射性废物管理中存在诸多问题的主要原因在于法律法规不完善、体制机制不健全、技术研发能力不足和缺少专项资金支持等。结合我国放射性废物处置需求和国际经验，本书提出完善放射性废物管理立法体系、加快制定天然放射性废物处置政策、设立放射性废物管理执行机构、建设中等深度处置设施、推进深地质处置研发和利用高放废物处置库长期贮存乏燃料等对策与建议，以解决放射性废物环境安全问题、推进放射性废物处置进展、保障环境安全与人员健康。

因此，进一步研究放射性废物处置的安全问题及其对策对推进我国放射性废物处置工作具有现实意义，在国际范围内也是必要的。

1.2 目的与意义

安全妥善处置放射性废物是核能可持续发展的必由之路，作为与核安全并列的核电发展两大制约因素之一，受到社会和公众的广泛关注。《放射性废物安全管理条例》第4条要求，放射性废物的安全管理，应当坚持减量化、无害化和妥善处置、永久安全的原则。放射性废物来源众多且复杂、所含放射性核素种类达几百种、活度浓度水平范围广，同时部分放射性核素半衰期达上万年，甚至几百万年之久，其放射性危害将持续很长时间。如何对如此复杂多样的放射性废物进行妥善处置并确保其长期安全是放射性废物处置相关研究中的重点和难点。从国际范围看，一方面需要在国家层面建立持续性的放射性废物处置政策、规划和完善的法规标准体系，如美国、法国和西班牙等国家都制定了放射性废物处置政策或国家规划，并定期更新；另一方面需要从技术上全面系统地研究多屏障处置系统安全性能在长时间尺度上的可靠性。

（1）开展放射性废物处置现状的全面调研和分析，深入认识和解决放射性废物处置中的“瓶颈”问题

放射性废物来源众多，所含放射性核素及活度水平范围广，管理对象复杂，因此，放射性废物管理工作往往千头万绪，难以找到主要问题，导致工作开展存在诸多困难。本书以放射性废物处置分类为重要基础，选择法规标准、监管与审评、安全评价和研究四方面因素，全面探讨极低放废物处置、低放废物处置、中放废物处置和高放废物处置的现状和存在问题。一方面全面涵盖了主要的放射性废物类型，另一方面抓住主要制约因素和突出的共性问题，有助于深入认识和解决我国放射性废物处置中的“瓶颈”问题。

生态环境部（国家核安全局）正在开展放射性废物处置政策制定的前期工作。本书深入分析我国各类放射性废物处置的现存问题和成因，全面论证放射性废物处置相关政策的科学性、必要性和紧迫性，为放射性废物处置国家政策制定提供科学依据。

（2）针对存在的问题，研究提出针对性政策和技术研究建议，推进放射性废物处置进展

如前所述，我国近地表处置和高放废物地质处置工作进展缓慢，远远落后于核电发展规模与规划，更无法满足当前和未来核能发展中放射性废物处置需求。处置工作进展缓慢的原因有多种，而法规标准不健全、监管审批机制未适应处置设施特点、安全评价和研发能力不足是其中的重要因素。本书在充分分析现存问题与成因的基础上，提出法规标准建设、处置政策、安全评价与研发工作等方面的建议，可在确保长期安全基础上有力推进我国放射性废物处置进展。

放射性废物处置，特别是高放废物地质处置是集放射化学、核化学、地球化学、岩石力学、矿物学、微生物、辐射防护、地质工程等多学科于一体的综合性系统工程，相关研究工作存在不同角度和侧重点。然而放射性废物处置工程本质上是安全工程，其最终目标

是确保放射性废物的长期安全，因此，需要从系统整体安全角度规划放射性废物处置研发工作，以推进对放射性废物处置长期安全的科学认识和处置安全的可接受性。

放射性废物处置系统需确保放射性废物在极长时间尺度下的安全，监管决策的主要依据是安全评价结果，但由于长时间尺度下系统行为的不确定性导致安全评价结果可信度受到质疑，安全全过程系统分析为建立和提高安全评价结果可信度提供了一种系统化和结构化方法。IAEA 要求处置设施营运单位自处置项目启动之时到寿期终止持续开展安全全过程系统分析，同时开展研究工作为安全全过程系统分析提供科学数据和依据。本书全面梳理我国放射性废物处置研究工作的现状和问题，从安全全过程系统分析角度提出放射性废物处置研究工作建议，对持续提高放射性废物处置安全水平和处置安全可信度具有重要意义。

1.3　框架与内容

放射性废物环境安全问题本质上是处置问题。而我国放射性废物处置诸多问题的主要原因在于法律法规不完善、体制机制不健全、技术研发能力不足和专项支持资金缺失等。结合我国放射性废物处置需求和国际经验，本书提出完善放射性废物处置立法体系、加快制定天然放射性废物处置政策、设立放射性废物处置执行机构、建设中等深度处置设施，推进深地质处置研发和利用高放废物处置库长期贮存乏燃料等对策与建议，以解决放射性废物环境与安全问题，推进放射性废物处置进展，保障环境安全与人员健康。

第2章 我国放射性废物的来源与分类

2.1 放射性废物的来源

放射性废物，是指含有放射性核素或者被放射性核素污染，其放射性核素浓度或者比活度大于国家确定的清洁解控水平，预期不再使用的废弃物。它是核能利用不可避免的伴生物，是在核工业、核动力、核爆炸和核技术应用中产生的液态、气态和固态废物，通常含有裂变产物、活化产物、铀镭系和锕铀系天然放射性核素或超铀元素等多种放射性物质。

我国放射性废物的主要来源（产业链）包括：①地质勘探，铀矿开采，矿石选冶。②铀精制、转化，铀同位素分离和燃料元件制造。③核电站和其他大型反应堆的运行。④研究堆和其他研究设施的运行。⑤核燃料后处理厂的运行。⑥核设施退役和环境整治。⑦放射性同位素的生产。⑧放射性同位素和辐射技术的应用。⑨铀（钍）伴生矿资源的采、选、冶活动等。其中，体积最大的放射性固体废物是铀矿废石和水冶尾矿，其次是核电站产生的中低放固体废物；核燃料后处理厂产生的高放废液集中了主要的放射性活度，辐射水平高；核设施退役产生了最大数量的极低放废物和解控废物；核技术应用废物的来源具有多样性；伴生放射性矿开发利用废物涉及的部门最多。

（1）核能利用过程中的放射性废物

核能利用过程中的放射性废物主要围绕核燃料循环而产生，包括核燃料生产、使用和乏燃料后处理三个阶段。除此之外，在核设施退役和核事故处理过程中也会产生放射性废物。

核燃料生产阶段的放射性废物主要是铀（钍）矿等核原料的开采过程中和核燃料元件加工过程中产生的废物。在铀（钍）矿等核原料的开采过程中产生的固体放射性废物有废铀（钍）矿石，以及开采结束后的尾矿。在这一过程中还会产生一些液体放射性废物，如铀（钍）矿坑中的废水、冲洗车辆的废水、废石场的废水和铀水冶的废水等。在核燃料元件加工过程中产生的放射性废物主要是含铀固渣和制造混合氧化物燃料元件所产生的钚污染废物。

核燃料使用阶段的放射性废物会产生大量的受放射性核素污染的放射性废物。如核电站的污染处理设备、监测设备、运行时的水化系统、交换树脂、废水和劳保用品等废物。

乏燃料后处理阶段的放射性废物主要是裂变产物。对乏燃料进行化学分离铀和钚时，经第一次萃取循环过程，产生的裂变产物——次锕系元素都留在酸性废液中，形成高放射性废物。在第二、三次萃取循环过程中，会产生大量的受到放射性核素污染的冷却水等低、中废物。

核设施退役和核电站核事故处理过程中产生的放射性废物放射性一般比较低，危害不是很大。但是在这个过程中产生的放射性废物数量大、种类多样。

（2）核应用技术利用过程中的放射性废物

核应用技术利用过程中的放射性废物主要是工业、农业、医疗、科研和教学等单位应用放射性同位素和辐射技术所产生的废放射源，以及各种污染材料（金属、非金属）、劳保用品、工具设备等。

（3）天然放射性废物

天然放射性物质（naturally occurring radioactive materials，NORM）是指能自发放射出 α、β 或 γ 射线的天然存在的某些物质，一些大规模的工业活动（如矿产资源开发和利用等）造成放射性核素在副产品、设备和废物中富集，使其天然放射性水平升高，通常称为 NORM 或 TENORM。

NORM 原材料被开采、运输、加工以及进一步使用，伴随的后果是放射性核素进入空气和水，并对人体产生照射，我国 1983—1990 年开展的全国天然放射性水平调查发现，石煤和稀土等伴生矿的开发利用已对周围的辐射环境带来一定影响。近年来，随着我国矿产资源开发及其工业固体废物和尾矿的产生规模逐步扩大，部分 NORM 企业周围辐射环境质量受到一定程度影响并引起社会关注，特别是，个别 NORM 企业所致公众剂量已明显超过国家标准规定限值。天然放射性废物管理成为放射性废物管理的重要组成和辐射安全监管的重要内容。

2.2　放射性废物的分类

我国的放射性废物主要来自核电厂、研究堆、核燃料循环、核技术利用和铀（钍）矿资源的开发利用。2017 年 11 月 30 日，环境保护部、工业和信息化部和国家国防科技工业局联合发布《放射性废物分类》公告，指导我国在核工业和核技术利用行业中的放射性废物分类。该分类体系参照 IAEA 安全标准《放射性废物分类》（GSG-1），以实现放射性废物的最终安全处置为目标，根据各类废物的潜在危害以及处置时所需的包容和隔离程度，将放射性废物分为极短寿命放射性废物（VSLW）、极低水平放射性废物（VLLW）、低水平放射性废物（LLW）、中水平放射性废物（ILW）和高水平放射性废物（HLW）。原则上，极短寿命放射性废物、极低水平放射性废物、低水平放射性废物、中水平放射性废物和高水平放射性废物对应的处置方式分别为贮存衰变后解控、填埋处置、近地表处置、中等深度处置和深地质处置，如图 2-1 所示。

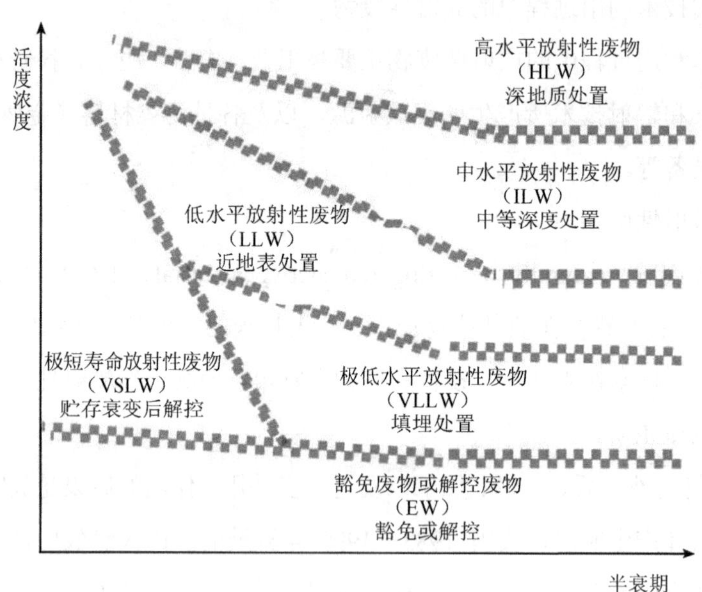

图 2-1　放射性废物分类体系概念示意

（1）豁免废物或解控废物

废物中放射性核素的活度浓度极低，满足豁免水平或解控水平，不需要采取或者不需要进一步采取辐射防护控制措施。

豁免废物或解控废物的处理、处置应当满足国家固体废物管理规定。

（2）极短寿命放射性废物

极短寿命放射性废物所含主要放射性核素的半衰期很短，长寿命放射性核素的活度浓度在解控水平以下，极短寿命放射性核素半衰期一般小于 100 天，通过最多几年时间的贮存衰变，放射性核素活度浓度即可达到解控水平，实施解控。常见的极短寿命放射性废物有医疗使用的碘-131 及其他极短寿命放射性核素衰变时产生的废物。

（3）极低水平放射性废物

极低水平放射性废物中放射性核素活度浓度接近或者略高于豁免水平或解控水平，长寿命放射性核素的活度浓度应当非常有限，仅需采取有限的包容和隔离措施，可以在地表填埋设施处置，或者按照国家固体废物管理规定，在工业固体废物填埋场中处置。

极低水平放射性废物的活度浓度下限值为解控水平，上限值一般为解控水平的 10～100 倍。常见的极低水平放射性废物有核设施退役过程中产生的污染土壤和建筑垃圾。

（4）低水平放射性废物

低水平放射性废物中短寿命放射性核素活度浓度可以较高，长寿命放射性核素含量有限，需要长达几百年时间的有效包容和隔离，可以在具有工程屏障的近地表处置设施中处置。近地表处置设施深度一般为地表到地下 30 m。

低水平放射性废物的活度浓度下限值为极低水平放射性废物活度浓度上限值，低水平放射性废物活度浓度上限值见表 2-1。

表 2-1 中未列出的放射性核素活度浓度上限值为 4×10^{11} Bq/kg。

低水平放射性废物来源广泛，如核电厂正常运行产生的离子交换树脂和放射性浓缩液的固化物。

表 2-1　低水平放射性废物活度浓度上限值

放射性核素	半衰期/a	活度浓度/（Bq/kg）
碳-14	5.73×10^{3}	1×10^{8}
活化金属中的碳-14	5.73×10^{3}	5×10^{8}
活化金属中的镍-59	7.50×10^{4}	1×10^{9}
镍-63	96.0	1×10^{10}
活化金属中的镍-63	96.0	5×10^{10}
锶-90	29.1	1×10^{9}
活化金属中的铌-94	2.03×10^{4}	1×10^{6}
锝-99	2.13×10^{5}	1×10^{7}
碘-129	1.57×10^{7}	1×10^{6}
铯-137	30.0	1×10^{9}
半衰期大于 5 a、发射 α 粒子的超铀核素		4×10^{5}（平均） 4×10^{6}（单个废物包）

（5）中水平放射性废物

中水平放射性废物中含有相当数量的长寿命核素，特别是发射 α 粒子的放射性核素，不能依靠监护措施确保废物的处置安全，需要采取比近地表处置更高程度的包容和隔离措施，处置深度通常为地下几十到几百米。一般情况下，中水平放射性废物在贮存和处置期间不需要提供散热措施。

中水平放射性废物的活度浓度下限值为低水平放射性废物活度浓度上限值，活度浓度上限值为 4×10^{11} Bq/kg，且释热率小于或等于 2 kW/m^3。中水平放射性废物一般来源于含放射性核素钚-239 的物料操作过程、乏燃料后处理设施运行和退役过程等。

（6）高水平放射性废物

高水平放射性废物所含放射性核素活度浓度很高，使得衰变过程中产生大量的热，或者含有大量长寿命放射性核素，需要更高程度的包容和隔离，需要采取散热措施，采用深地质处置方式处置。

高水平放射性废物的活度浓度下限值为 4×10^{11} Bq/kg，或释热率大于 2 kW/m^3。

常见的高水平放射性废物有乏燃料后处理设施运行产生的高放玻璃固化体和不进行后处理的乏燃料。

第3章 我国放射性废物管理政策与管理体系

我国在发展核能之初就关注放射性废物处理处置问题。早在20世纪50年代，原第二机械工业部就提出“生产未动、防护先行”的方针，成立了全国放射性废物治理专业研究小组和设计小组，建成各类放射性“三废”治理系统，服务于核工业第一线，为保障早期职业人员健康做出了重要贡献。伴随着核能事业的持续发展，放射性废物管理工作取得了一定进展。

放射性废物管理关系人民健康、国土清洁和核事业持续发展，受到国家的重视。放射性废物管理的政策、法规、标准框架的建立和不断完善，正是国家为了规范放射性废物管理行为、防止其出偏、引导其健全发展所采取的根本措施。一般地说，在国家的法律框架体系中，政策和法规属于较高层次，主要规范管理行为；标准属于较低层次，主要规范技术行为。切实有效的政策和策略研究是全部管理工作的基础，也是立法的基础。全国人民代表大会制定法律，国务院及所属部门制定规章；而标准和导则，因其内容偏重技术、方法和基础数据，则是各行业经验和集体智慧的结晶。

我国的放射性废物管理既有国家级的法律和主管及审管部门的规章可供遵循，又受标准和导则的约束，将逐步建立更加完备的框架体系。目前的状况还不完全令人满意，主要表现在标准的制订进展较快而政策法规的制定进展较慢、技术性的内容较充实而管理性及程序性的内容较单薄等，这是需要不断改进的。

3.1 放射性废物管理政策

3.1.1 放射性废物处置前管理政策

放射性废物管理是核与辐射安全监管的必要内容，我国政府历来重视核与辐射活动的立法管理。根据《中华人民共和国立法法》，依照法定的权限和程序，我国建立并维持了一套由相关国家法律、行政法规、部门规章、管理导则及参考性文件构成的放射性废物管理法律框架，奠定了放射性废物管理政策的基础。

我国坚持“以人为本、和谐发展、预防为主、防治结合、严格管理、安全第一”的放射性废物管理政策。从事放射性废物管理必须坚持“以安全为目标、以处置为核心”的理念，实现放射性废物最小化，确保当代和后代人的安全，不给后代留下不适当的负担。

通过对放射性废物采取一切合理可行的管理措施，确保人类健康及环境不论现在或将来都得到足够的保护，并不给后代增加不适当的负担，确保人类有益实践的可持续发展。

建立放射性废物管理的法规体系和独立的放射性废物安全监督管理体系，对放射性废物实行许可管理，许可证持有者承担放射性废物和废物管理设施的主要安全责任。

核技术利用放射性废物以省、自治区、直辖市为单位集中收贮。

通过合理选择和利用原材料，采用先进的生产工艺和设备，实施物料的再利用和再循环，使放射性废物的产生量和向环境的排放量达到合理可行的尽量低的水平。

放射性废物处理设施应与主工艺同时设计、同时建造、同时投入使用，许可证持有者应适时固化放射性废液，限制低、中水平放射性废液固化体和低、中水平放射性固体废物的暂存年限。

以处置和排放为核心，实施对所有废气、废液和固体废物流的整体控制方案的优化和对废物从产生到处置的全过程的优化。

3.1.2 放射性废物处置政策

3.1.2.1 分类处置

我国对放射性废物实施分类处置。早在 20 世纪 80 年代就提出分类处置政策，分别开展低、中放废物处置场和高放废物地质处置的选址和研发工作。1992 年，为解决核燃料循环设施遗留废物和核电厂运行废物的处置问题，国务院批转《关于我国中、低水平放射性废物处置的环境政策》（国发〔1992〕45 号），提出在中、低水平放射性废物相对集中的地区陆续建设国家中、低水平放射性废物处置场，分别处置该区域内或临近区域内的中、低水平放射性废物。1993 年制定、2002 年修订的《放射性废物管理规定》（GB 14500），又一次重申了低、中放废物应按区域处置的方针实施处置。在考虑废物来源和数量、经济和社会因素的条件下设置若干处置场。《中华人民共和国放射性污染防治法》规定低、中放废物在符合国家规定的区域实行近地表处置，高放废物实行集中的深地质处置。《放射性废物安全管理条例》第 6 条明确规定，我国实行放射性废物分类管理，并明确将放射性废物分为高水平放射性废物、中水平放射性废物和低水平放射性废物三类。《中华人民共和国核安全法》则增加了中等深度处置路线。2018 年，环境保护部、工业和信息化部、国家国防科技工业局联合发布《放射性废物分类》公告，基于处置长期安全将放射性废物分为极短寿命放射性废物、极低水平放射性废物、低水平放射性废物、中水平放射性废物和高水平放射性废物五类，分别对应贮存衰变后解控、填埋处置、近地表处置、中等深度处置和深地质处置，提出全面的基于处置的放射性废物分类体系。

3.1.2.2 处置许可制度

许可证制度是《联合公约》最先确立的一项制度。该公约规定："每一缔约方建立并维持一套管辖乏燃料和放射性废物管理安全的立法和监管框架。这套立法和监管框架应包括乏燃料和放射性废物管理活动的许可证审批制度。"公约如此规定，是因为放射性废物对人体和环境都具有很大的危险性，为了保证放射性废物得到安全处置，需要对处置行为实行经营许可。

根据我国现行有关法律，放射性废物处置许可证主要有处置场建造许可证、处置经营许可证等。例如，《中华人民共和国放射性污染防治法》第 46 条规定了处置经营许可证制度，要求从事放射性废物处置的单位必须取得许可证，由国务院环境保护行政主管部门进行审查批准。《放射性废物安全管理条例》第 22 条规定了处置场建造许可证制度，该条例要求放射性废物处置设施的建造要获得选址批准和建造许可证。

许可证制度的管理程序主要包括申请、审批、监督和处罚等环节。首先，申请人向审批机构提出申请，提交必要的文件和资料。例如，申请处置经营许可证，需向国务院环境保护主管部门申请，提交企业资质复印件、人员证明、环境影响评价和管理制度等文件。其次，受理部门受理申请后，按照规定的程序、条件和时间进行审查，最后做出是否批准的决定。符合条件的，同意许可；不符合条件的，书面通知并说明理由。许可证有效期为 10 年。最后，审批部门对持证人进行监督检查，对不符合法律规定的行为，按照法律的规定进行处罚。对放射性废物处置活动享有监督检查的主体是县级以上环境保护主管部门和其他相关部门。除此之外，持证主体还有义务每年向国务院环境保护主管部门提交上一年度处置活动总结报告，接受监督。

3.1.2.3 处置场所选址规划制度

处置场所选址规划制度包含有关处置场所选址规划的目标、任务、指标体系、编制原则和程序以及规划实施的保障措施等内容。适时编制放射性废物处置场所选址规划，并依法进行环境影响评价，有利于尽快安全处置放射性废物，并做到合理均衡分布，是一件利国利民的大事。2003 年通过的《中华人民共和国放射性污染防治法》第 44 条和 2011 年通过的《放射性废物安全管理条例》第 22 条均规定，放射性废物处置设施选址和建造必须以放射性废物处置场所选址规划为前提。这意味着没有放射性废物处置场所选址规划，放射性废物处置场就无法得以选址和建造。而且放射性废物处置场的建造必须符合规划的内容和要求，否则选址或建造就不会得到批准。根据《放射性废物安全管理条例》第20条的规定，放射性固体废物处置场所选址规划由国务院核工业行业主管部门会同国务院环境保护主管部门编制，并且地方人民政府有根据该规划提供放射性废物处置场建设用地的义务。《中华人民共和国核安全法》第42条规定："国务院核工业主管部门会同国务院有关部门和省、自治区、直辖市人民政府编制低、中水平放射性废物处置场所的选址规划，报国务院批准后组织实施。"

3.1.2.4 第三方处置制度

与传统的"谁污染，谁治理"分散治污模式不同，我国在放射性废物处置方面采取的是第三方集中处置模式，实行的是第三方处置制度。《中华人民共和国放射性污染防治法》第45条和第46条对专门经营放射性废物处置的单位提出了要求。

放射性废物第三方处置制度与环境污染第三方治理制度虽然有很多相似的地方，但其设计目的是不同的。环境污染第三方治理是指排污企业与专业环境服务公司签订合同协议，通过付费购买污染减排服务，以实现达标排放的目的，并与环保监管部门共同对治理效果进行监督。制定该制度的目的是充分利用市场机制，提高企业治理污染效率，加强对排污企业的监管。而设立专门从事放射性废物处置的单位，实行许可经营，由第三方单位集中处置放射性废物，是基于保障核安全的目的。这是因为放射性废物衰变周期长，危害性大，其对环境的污染可以持续数十年，甚至上百年和上千年，不仅关系到当代人的环境安全，还会持续影响后代人的环境安全。而且处置放射性废物需要很高的专业知识和科学技术支持，并非是一般主体可以实施的。另外，放射性废物处置场的建造周期很长、资金投入特别大，尤其是高放射性废物处置场所。对放射性废物进行第三方处置，除了考虑其专业性和技术性要求外，对其安全性的监管要求也是一个很重要的考虑因素。这与环境污染第三方治理制度是不一样的。

我国法律除了规定放射性废物由第三方进行处置之外，《放射性废物安全管理条例》还明确规定了国务院核工业行业主管部门是高放废物处置设施的建造责任主体，具体负责组织实施高放废物地质处置技术的研究和实验，以及处置库的选址和建造工作。《中华人民共和国核安全法》要求高放废物地质处置由国务院指定单位经营。

3.2 放射性废物管理的法规标准

放射性废物管理是核与辐射安全监管的必要内容，我国政府历来重视核与辐射活动的立法管理。根据《中华人民共和国立法法》，依照法定的权限和程序，我国建立并维持了一套由相关国家法律、行政法规、部门规章、管理导则及参考性文件构成的放射性废物管理法律框架（图 3-1）。

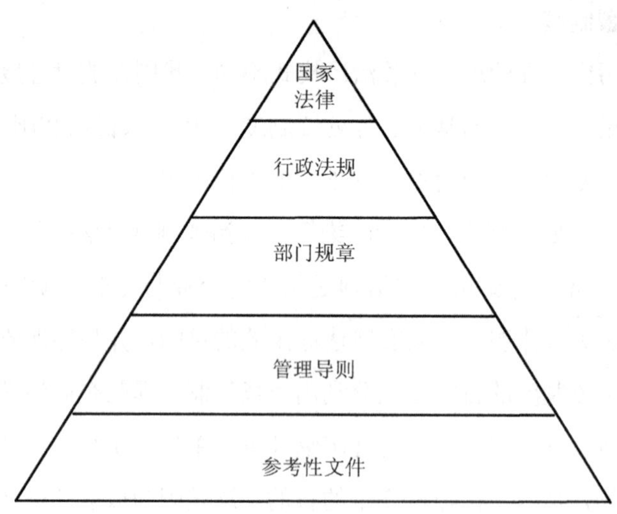

图 3-1 我国放射性废物管理法律框架

法律由全国人民代表大会及其常务委员会制定并发布，行政法规由国务院根据宪法和法律制定并发布，部门规章主要由国务院各部门等根据有关法律、法规及其职责分工与授权制定并发布，管理导则主要由国务院有关部门制定并发布，参考性文件由国务院有关部门或其委托单位制定并发布。另外，相关部门还发布了一系列技术标准，进一步规范和明确放射性废物管理的技术要求。

已施行的适用于放射性废物管理的国家法律、行政法规和部门规章等规定了放射性废物管理的安全要求。如全国人民代表大会常务委员会于 2017 年通过的《中华人民共和国核安全法》、2003 年通过的《中华人民共和国放射性污染防治法》，国务院于 1986 年发布的《中华人民共和国民用核设施安全监督管理条例》（HAF 001）、国务院常务会议于 2005 年通过的《放射性同位素与射线装置安全和防护条例》以及于 2011 年通过的《放射性废物安全管理条例》，明确规定了乏燃料和放射性废物管理的安全要求。《放射性废物安全管理规定》（GB 14500—2002）规定了放射性废物产生、收集、预处理、处理、整备、运输、贮存、处置与排放等各阶段以及退役和环境整治等有关活动的管理目标和基本要求，适用于核燃料循环各阶段和核技术利用产生的放射性废物的管理。适用于放射性废物管理的法律、行政法规、部门规章、管理导则和标准等详见附录 1。

3.2.1　我国民用放射性废物管理相关法规

（1）放射性废物管理相关法律

涉及放射性废物处置的法律主要有三部：《中华人民共和国环境保护法》《中华人民共和国放射性污染防治法》和《中华人民共和国核安全法》。《中华人民共和国环境保护法》于 1989 年颁布，2014 年 4 月 24 日修订，是我国环境保护领域的基本法。该法为我国放射性废物处置规定了基调和原则。《中华人民共和国放射性污染防治法》于 2003 年颁布，是防治放射性污染、保护环境、保障人体健康的基本大法。在该法中，第 6 章专章对放射性废物的管理进行了规定，确立了分类处置、许可证制度、处置场所选址规划和第三方处置等制度。2018 年正式实施的《中华人民共和国核安全法》在完善分类处置政策、设立高放废物处置执行机构、强化地方政府处置设施选址和关闭后监护责任等方面做出规定。此外，在《中华人民共和国水污染防治法》和《中华人民共和国海洋环境保护法》中也有关于禁止将放射性废物向内河水域和海洋倾倒的规定。

（2）放射性废物管理相关行政法规

2011 年 12 月 20 日，根据《中华人民共和国放射性污染防治法》详细规定的放射性废物处置许可制度，颁布了《放射性废物安全管理条例》。该条例是迄今为止规范放射性废物处置最全面和详细的行政法规。该条例适用于放射性废物的处理、贮存和处置，以及监督管理活动。条例中确定了分类管理、处置许可、处置场所选址规划、档案管理和第三方处置等制度。

（3）放射性废物管理相关部门规章

《放射性固体废物贮存和处置许可管理办法》和《核电站乏燃料处理处置基金征收使用管理暂行办法》使得放射性废物处置工作更具可操作性。环境保护部在 2013 年 12 月 5 日通过了《放射性固体废物贮存和处置许可管理办法》。该办法细化了放射性废物贮存和处置的经营许可制度，对经营单位的资格、申请程序、许可程序作了详细规定。财政部、国家发展改革委与工业和信息化部在 2010 年 7 月 12 日联合制定了《核电站乏燃料处理处置基金征收使用管理暂行办法》，对乏燃料处理处置基金的征收标准、征收程序和基金使用等作了具体规定。

（4）放射性废物管理相关规范性文件

《关于我国中、低水平放射性废物处置的环境政策》和《关于印发高放废物地质处置研究开发规划指南的通知》是两个对放射性废物处置影响深远的规范性文件。1992 年，《关于我国中、低水平放射性废物处置的环境政策》由国家环境保护局发布。在该政策中，确定了中、低放射性废物实行区域处置的方针。《关于印发高放废物地质处置研究开发规划指南的通知》由国防科工委、科技部和国家环保总局于 2006 年 2 月 14 日下发，为高放射性废物处置场的研发确定了标准和要求。

（5）放射性废物管理相关国际条约

1）《核安全公约》

该公约由 IAEA 于 1994 年 6 月 17 日在于维也纳举行的外交会议上通过，我国于 1996 年 3 月 1 日由第八届全国人民代表大会常务委员会决定加入。该公约的目的是建立防御核设施潜在辐射危害的有效措施，以保护个人、社会和环境免受其辐射的有害影响。该公约对放射性废物的管理做出了原则性的要求。

2）《乏燃料管理安全和放射性废物管理安全联合公约》

该公约于 1997 年 9 月 5 日经 IAEA 外交大会审议通过，我国于 2006 年 4 月 29 日由第十届全国人民代表大会常务委员会决定加入。该公约致力于达到和维持乏燃料和放射性废物管理方面的高安全水平，适用于民用核反应堆运行产生的乏燃料和民用核技术过程中产生的放射性废物的管理安全。该公约是关于乏燃料和放射性废物管理最重要的专门性国际公约，在放射性废物管理方面，确立了可持续发展原则、国际合作原则和全过程管理原则等原则，形成了许可证制度和国家报告书制度等制度。

3.2.2 我国放射性废物管理相关标准

近年来我国放射性废物管理的标准化工作取得了很大进展，在现行国家标准系列（GB）、核行业标准系列（EJ）、核安全法规系列导则（HAD）和环保法规系列导则（HJ）中，已发布的有关放射性废物管理的标准与导则共计 80 余种，其中绝大部分是在 2000 年前编制的。上述放射性废物管理标准覆盖了基础性标准，废物的产生、预处理、处理与排放，废物整备，废物贮存，废物运输，废物处置，核设施退役与环境整治，以及铀地勘与矿冶废物管理等 8 个方面。它们基本上是同有关国际标准接轨的，并且结合我国的实际情况较多地考虑了标准的适用性和可操作性。这些标准已广泛地应用于核电厂和核燃料循环设施中。目前我国还没有专门适用于核技术应用废物的标准。在原国家环保局颁布的规章《城市放射性废物管理办法》中含有一部分属于技术标准的内容，但还有待完善。

我国放射性废物管理标准的特点是既遵循了国际上普遍适用的放射性废物管理原则，又在某些方面有所发展和进一步具体化。目前废物处理、流出物排放、中低放废物整备和处置等标准基本上可以满足需求。

《电离辐射防护与辐射源安全基本标准》（GB 18871—2002）取得的一项重要进展是将环境放射性残留物持续照射的防护要求列入了标准。这有利于在制订退役和环境整治标准时采取区别对待、因地制宜和实施防护最优化的环境对策。

《核设施退役安全要求》是退役领域一项层次较高的标准，它有利于改进退役标准的结构。

在放射性废物管理标准研制中还加强了废物管理设施安全的选题，如中低放废物处置安全、尾矿库安全、高放废液贮存设施安全、高放废液固化设施安全、乏燃料运输容器安全、可燃废物焚烧装置安全、放射性废气净化装置安全等。

当前我国放射性废物管理标准研制中存在的主要问题是退役与环境整治标准远远不能满足需求，核技术应用废物管理和铀钍伴生矿废物管理标准还属空缺。另一个亟待解决的问题是由业主提出并经监管机构批准的专用管理控制值的研制有待加强，在标准的宣贯和实施中缺少贴近标准使用者的有力措施，联系实际情况进行交流不够，这减弱了标准应当发挥的规范技术行为的作用。

3.3 放射性废物管理体制机制

《中华人民共和国放射性污染防治法》规定，国务院环境保护行政主管部门对全国放射性污染防治工作依法实施统一监督管理，国务院卫生行政部门和其他有关部门依据国务院规定的职责，对有关的放射性污染防治工作依法实施监督管理。《民用核设施安全监督管理条例》规定，国家核安全局负责制定和批准颁发核设施安全许可证。

生态环境部（国家核安全局）对全国放射性污染防治实施统一监督管理，通过对许可证持有者相关活动实施许可审查与批准、监督检查和监督性监测等，确保许可证持有者对所营运核设施的安全承担全面责任和依法开展活动。其主要职责是：拟定核安全、辐射安全与放射性污染防治的方针、政策、法规，组织制定和发布有关标准；负责核安全、辐射安全与放射性污染防治的许可管理和监督检查；负责核安全事故与辐射安全事故的调查和处理，协同有关部门指导和监督核电厂应急计划的制定和实施；会同有关部门调解和裁决涉及核安全的纠纷，参与核事故应急响应；负责核设施、铀矿、核技术利用项目的环境影响评价的审查、批准和监督检查；负责放射性液态流出物排放和辐射环境的监督性监测；组织开展相关的科学研究和宣传。

国务院核工业行业主管部门是放射性废物管理的行业主管机构，负责核设施退役及放射性废物治理。核设施营运单位负责其产生的放射性废物的处理、（暂存）贮存或送交贮存、送交处置，对废物安全负全面责任。中核集团公司是我国最大的放射性废物产生和管理部门。

国家能源局的相关职责是：

①负责核电管理，牵头拟定核电行业法律法规和规章。

②拟定核电发展规划、准入条件、技术标准并组织实施。

③提出核电布局和重大项目审核意见。

④组织协调和指导核电科研工作。

⑤组织核电领域政府间国际合作与交流，负责政府间和平利用核能协定的对外谈判和签约工作。

2018 年，根据国务院机构改革方案，成立国家卫生健康委员会。国家卫生健康委员会在乏燃料管理安全和放射性废物管理安全方面的主要职责是：

①负责职责范围内的职业卫生、放射卫生、环境卫生等公共卫生的监督管理。

②承担卫生应急和紧急医学救援工作，组织编制专项预案，承担预案演练的组织实施和指导监督工作。

③拟订职业卫生、放射卫生相关政策、标准并组织实施。开展重点职业病监测、专项调查、职业健康风险评估和职业人群健康管理工作。协调开展职业病防治工作。

公安部在乏燃料管理安全和放射性废物管理安全方面的主要职责是：

①负责乏燃料和高水平放射性废物道路运输的批准。

②指导公安机关对乏燃料、放射性废物道路运输的实物保护实施监督。

③负责指导查处放射性物品丢失、被盗案件。

3.4 放射性废物管理目标和技术效能指标

放射性废物的特点之一是它所含有的放射性物质不能用化学的、物理的和生物学的手段加以破坏，只能通过自身衰变过程最终变为无害的稳定性物质。因此，放射性废物管理的一般思路只能是将废物中的放射性物质以较小体积的固体形式浓集起来使之与人类环境尽可能长期隔离，并在严格规定的适当条件下将净化后的气态和液态流出物中的放射性物质尽可能均匀地分散到环境中。

在放射性废物管理中，能够完整地体现浓集与分散要求的技术是净化、去污和清除技术。它们均可以同时实现核素的浓集和废气、废液、污染物料与环境介质本身的无害化。而减容、固化、包装和处置技术则是为了使浓集过程获得较小体积的固态产品并实现其与人类环境的隔离。

本节将分别讨论放射性废气、废液、固体废物、污染物料和环境污染物等各自的管理目标和为达到这些管理目标而采用的各种技术的效能指标。

（1）放射性废气与废液的管理目标和技术效能指标

一般来说，放射性废气与废液的管理目标应是保证实现气态和液态流出物中核素的排放量不超过国家规定的排放控制值和（或）企业在申请许可证时获得批准的排放控制值。排放控制有总量控制和浓度控制两种方式。在我国对一些大型核设施更强调以总量控制为主、总量控制与浓度控制相结合。而对某些小型放射性用户，采用浓度控制可能是更适宜的。

排放控制值的制定是最优化的结果。最优化的过程是在国家规定的剂量约束值基础上，充分考虑排放的环境条件、企业拥有或可能拥有的技术能力及各种经济和社会因素，使公众的受照剂量保持在可合理做到的尽量低，同时还要预先计划好总排放量在气态流出物和液态流出物之间以及在废物管理各工艺系统之间的分配。

为了保证实现对排放量的控制，需要选择具有不同效能的废气和废液处理技术，并将它们合理地组织起来。废物管理各工艺系统的技术组合同样也是最优化的结果。下文介绍目前常用的废气和废液净化处理技术及其效能指标。

- 去除碘——碘吸附器。

• 去除气溶胶——高效微粒过滤器。

以上两类装置的效能评价指标均为净化系数和使用周期。净化系数是处理前后废物中所含核素浓度之比。通常高效微粒过滤器的净化系数为 2 000～10 000，碘吸附器对甲基碘的净化系数在出厂时为 1 000，在使用中会逐渐变小，到某一设定值时（如 100）就需更换装置，因此实际的净化系数有一个范围。

• 去除短寿命惰性气体——加压贮存衰变箱、活性炭滞留床。

此类装置的效能指标为滞留时间。

• 处理中、高放或高含盐量的废液——蒸发。

• 处理低放和低含盐量的废液——离子交换或吸附。

• 处理低水平放射性废液或含悬浮物的废液——絮凝沉淀或过滤。

以上三类处理技术的效能指标均为净化系数和浓缩（浓集）比。在这里浓缩比是处理前废液体积与处理后浓缩物（浓集物）体积之比。通常蒸发的净化系数为 10^2～10^5，离子交换的净化系数为 10～10^2，絮凝沉淀的净化系数为 10。多种技术联用时，总净化系数为各单元净化系数的乘积，总净化系数应能满足排放标准的要求。

（2）放射性固体废物的管理目标和技术效能指标

一般来说，放射性固体废物的管理目标应是保证实现废物的安全处置。处置是对废物的一项隔离工程，但隔离不可能也不必要完全阻止废物与环境介质之间的物质交换，而只是要控制废物中核素向环境迁移的速度和数量。由于废物处置是按多重屏障原则设计的，因此它对处置前废物的处理和整备技术也提出了效能要求。下文介绍目前常用的固体废物管理技术及其效能指标。

• 固体废物减容——焚烧装置、低压压实装置、高压压实装置。

其效能指标均为减容比，即减容前后废物体积之比。

• 固化或固定——水泥固化、沥青固化和塑料固化（对中放废物），玻璃固化（对高放废物）。

其效能指标为浸出率、坑压强度、减容比等。

• 包装——钢桶、混凝土桶（对低、中放废物）等。

• 废物处置——浅埋处置、岩洞处置、水力压裂处置、地质处置等（对低、中放废物），地质处置等（对高放和 α 废物），废石场和尾矿库等（对铀矿冶废物），简易型浅埋处置（对极低放废物）。

低、中放废物处置的总体效能应满足国家规定的剂量约束值和来源于危险限制的闯入剂量控制值的要求。高放和 α 废物处置的总体效能应满足剂量和危险限制的双重要求，同时也在考虑制定核素迁移的控制值。铀矿冶废物处置的总体效能应满足国家规定的剂量约束值和氡析出率控制值的要求。极低放废物填埋也受国家的监管控制。

（3）有潜在利用价值的污染物料的管理目标和技术效能指标

一般来说，放射性污染物料的管理目标应是利用各种去污手段去除存在于系统、设备、部件和材料内外表面的放射性污染，使之达到或接近核素的清洁解控水平，以便尽可能实现物料的无条件或有条件回收利用。常用的去污技术及效能指标是：

- 污染物料去污——化学去污、电化学去污、机械去污、其他物理去污等。

其效能指标为去污系数，即去污前后单位表面积放射性活度之比，也可采用多种去污技术联用。在役去污和退役去污的实施目标并不完全相同：在役去污是为了控制职业照射，它有时还附加保护物料表面的要求；退役去污可分为拆卸解体前的初步去污和拆卸解体后的深度去污，拆卸解体前的初步去污目的也是控制职业照射，拆卸解体后的深度去污是为了物料解控，在严重的 α 污染情况下，如果难以实现物料解控，可追求废物非 α 化目标。

（4）环境放射性污染物的管理目标和技术效能指标

一般来说，环境污染物的管理目标应是按照场址与环境的污染面积、污染的严重程度、整治的费用和整治后的用途，决定是采用清除作业以实现不受限制的开放或使用，还是采用补救行动作业以实现有限制的开放或使用。

- 清除——用于清除地表层土壤、植被、水系、道路、工业用地和拆除后的建筑物地基中放射性污染物的各种技术。
- 补救行动——控制环境放射性污染物以降低危险和持续照射剂量的各种技术。

清除的目标是达到核素的清除水平。补救行动的正当性和防护最优化则用补救行动水平来表示。清除水平和补救行动水平都属于专用管理控制值。

综上所述，放射性废物管理的含义经历了两次扩展。最初是单纯的“三废”管理；核设施退役时产生了大量具有潜在利用价值的污染物料，原有“三废”管理的一套不完全适用了；环境整治时又面临数量更大的环境污染物，退役的一套也不完全适用了。经过国际社会的共同努力，总结经验并提高到理性上来认识，才明白对污染物料和环境污染物的管理，比之于原有的“三废”管理，无论是在防护目标上还是在技术特点上都有新的理念，尽管它们共同遵循放射性废物管理的基本原则，但在内容上确实有新的发展。这就是目前我们所达到的对于放射性废物管理的初步认识。

3.5 放射性废物管理的相关要求

3.5.1 监管框架

根据《中华人民共和国放射性污染防治法》《中华人民共和国核安全法》《中华人民共和国职业病防治法》《中华人民共和国民用核设施安全监督管理条例》《放射性同位素与射线装置安全和防护条例》和《放射性废物安全管理条例》等法律法规：

（1）建立乏燃料和放射性废物管理活动的许可证审批制度，并禁止无许可证运行乏燃料和放射性废物管理设施

①国家实行核设施安全许可制度，国家核安全局负责核设施安全许可证的批准和颁发。许可证件包括核设施场址选择审查意见书、建造许可证、运行许可证以及核设施退役批准书。核设施包括核电厂、研究堆、核燃料循环设施，以及放射性废物处理、贮存和处置设施等民用核设施。上述核设施的营运单位进行核设施选址、建造、运行、退役等活动，应当向国家核安全局申请许可。

②国家对辐射安全实施分级管理许可制度，生产、销售、使用放射源的单位应当取得辐射安全许可证。放射源生产单位和Ⅰ类放射源利用单位（医疗使用Ⅰ类放射源单位除外）的许可证由生态环境部（国家核安全局）直接审批、颁发，Ⅱ类、Ⅲ类、Ⅳ类、Ⅴ类放射源利用单位的许可证由省级生态环境主管部门审批、颁发。

③专门从事放射性废物处理、贮存、处置活动的单位应当取得放射性废物处理、贮存、处置许可。放射性废物处理、贮存、处置许可由国家核安全局审批。

（2）建立控制、监管检查、形成文件和报告制度

①国家实行放射性污染监测制度、气态和液态流出物排放许可制度、流出物与环境监测制度，以及核事故应急制度等。另外，国家对核与辐射安全监督检查人员实行证件管理，对从事核安全关键岗位工作的专业技术人员实行执业资格制度。

②国家核安全局及其派出机构对核设施开展例行检查、非例行检查和日常检查，可向核设备制造、核设施建造和运行现场派驻监督组（员）执行核安全监督任务；县级以上人民政府生态环境主管部门和其他有关部门依据《中华人民共和国放射性污染防治法》《中华人

民共和国核安全法》和《放射性废物安全管理条例》的规定对放射性废物处理、贮存和处置等活动的安全性进行监督检查。

③核设施营运单位应当对乏燃料和放射性废物管理设施的试验程序、运行程序、质量保证记录、试验结果和数据、运行维修记录，以及缺陷和异常事件记录等实行文件化管理；生产、销售、使用放射源的单位应当建立放射源管理台账，建立个人剂量档案和职业健康监护档案；放射性固体废物处理、贮存、处置单位应当建立放射性固体废物处理、贮存、处置情况记录档案，如实记录与处理、贮存、处置活动有关的事项。

④核设施营运单位，核技术利用单位和放射性废物处理、贮存单位应当按照生态环境部（国家核安全局）的规定定期如实报告放射性废物产生、处理、贮存、排放、清洁解控和送交处置等情况。放射性废物处置单位应当于每年 3 月 31 日前向相关部门如实报告上一年度放射性固体废物接收、处置和设施运行等情况。

⑤出现核与辐射事故应急状态时，核设施营运单位必须立即向相关部门报告；发生放射源丢失、被盗时，核技术利用单位必须立即向相关部门报告。

（3）强制执行乏燃料和放射性废物管理相关法规和许可证条款

对于违反法规和许可证条款的许可证持有者，国家核安全局在必要时有权采取强制性措施，责令许可证持有者采取安全措施或停止危及安全的活动。国家核安全局可依其情节轻重，给予警告、限期改进、停工或停业整顿、吊销许可证件的处罚；对于不履行处罚决定，逾期又不起诉的，由国家核安全局申请人民法院强制执行。

（4）明确划分参与乏燃料和放射性废物管理的各机构的职责

生态环境部（国家核安全局）对全国放射性污染防治工作实施统一监督管理，统一负责全国放射性废物的安全监督管理工作。国家原子能机构负责乏燃料和放射性废物管理政策、法规、规划及标准制定，牵头负责相关核应急工作，协调推进相关能力建设。国务院其他有关部门依据国务院规定的职责，对乏燃料和放射性废物管理工作依法实施监督管理。

按照《电离辐射防护与辐射源安全基本标准》（GB 18871—2002）、《可免于辐射防护监管的物料中的放射性核素活度浓度》（GB 27742—2011）和《核设施的钢铁、铝、镍和铜再循环、再利用的清洁解控水平》（GB/T 17567—2009），生态环境部（国家核安全局）通过正当性确认、剂量评估、活度浓度值（总活度）验证等手段，将高于监管水平的废物作为放射性废物监管，其目标就是要在目前和将来保护个人、社会和环境免受电离辐射的有害影响，这与《乏燃料管理安全和放射性废物管理安全联合公约》的目标是一致的。

3.5.2 许可证持有者责任

按照《中华人民共和国核安全法》和《中华人民共和国民用核设施安全监督管理条例》，下述设施的营运单位应取得核设施安全许可证：

①核动力厂及装置（核电厂、核热电厂、核供汽供热厂等）；

②核动力厂以外的其他反应堆（研究堆、实验堆、临界装置等）；

③核燃料生产、加工、贮存及后处理设施等核燃料循环设施；

④放射性废物处理、贮存、处置设施；

⑤其他需要严格监督管理的核设施。

专门从事乏燃料贮存，放射性废物处理、贮存和处置的单位，应当向国家核安全局申请许可；核设施营运单位利用与核设施配套建设的乏燃料贮存设施、放射性废物处理和贮存设施，处理、贮存本单位产生的乏燃料、放射性废物的，无须单独申请许可。

按照《中华人民共和国核安全法》和《中华人民共和国民用核设施安全监督管理条例》，核设施营运单位对核安全负全面责任。

通过采取以下措施，确保核设施安全许可证持有者履行其责任：

①核设施营运单位应当具备保障核设施安全运行的能力，包括建立相应的组织管理体系和相关制度，配置相应的人力和财力，具备必要的技术支撑和持续改进能力，具备应急响应能力和核损害赔偿财务保障能力等。

②核设施营运单位应当依照法律、行政法规和标准要求，设置核设施纵深防御体系，对核设施进行定期安全评价，并公开本单位相关信息。

③国家核安全局或者其派出机构应当向核设施建造、运行、退役等现场派驻监督人员执行核安全监督检查任务，包括审查所提交的安全资料是否符合实际、监督是否按照已批准的设计进行建造、监督是否按照已批准的质量保证大纲进行管理、监督核设施的建造和运行是否符合有关核安全法规和核设施建造许可证与核设施运行许可证所规定的条件、考察营运人员是否具备安全运行及执行应急计划的能力，以及其他需要监督的任务。

④国家核安全局在必要时有权采取强制性措施，命令核设施营运单位采取安全措施或停止危及安全的活动；对于违反相关规定的，国家核安全局可依其情节轻重，给予警告、限期改进、停工或者停业整顿、吊销核安全许可证件的处罚。

（1）辐射安全许可证持有者的一般责任

按照《放射性同位素与射线装置安全和防护条例》，生产、销售、使用放射源的单位应当取得辐射安全许可证，辐射安全许可证持有者应对本单位放射源的安全和防护工作负责，并依法对其造成的放射性危害承担责任。

通过采取以下措施，确保辐射安全许可证持有者履行其责任：

①生产、销售、使用放射源的单位应当具备保障辐射安全的能力，包括建立专门的管理机构，配备具有相应专业知识和防护知识的人员，建立健全的规章制度、辐射事故应急措施，具备符合相关标准和要求的场所、设施和设备，对相关工作人员进行个人剂量监测和职业健康检查，具有相应的废物处理能力或者可行的处理方案等。

②辐射安全许可证持有者应当对本单位放射源的安全和防护状况进行年度评估，发现安全隐患的，应当立即整改。

③废放射源产生单位应当按照协议或要求将废放射源交回生产单位、返回原出口方，或者送交贮存、处置单位。

④县级以上人民政府生态环境主管部门和其他有关部门应当按照各自职责对许可证持有者进行监督检查。

⑤县级以上人民政府生态环境主管部门在监督检查中发现许可证持有者有不符合原发证条件情形的，应当责令其限期整改；逾期不改正的，责令停产停业或者由原发证机关吊销许可证；有违法所得的，没收违法所得，并处以相应的罚款。

（2）放射性固体废物处理、贮存、处置许可证持有者的一般安全责任

按照《中华人民共和国核安全法》《放射性废物安全管理条例》和《放射性固体废物贮存和处置许可管理办法》，专门从事放射性固体废物处理、贮存、处置活动的单位，应当取得放射性固体废物处理、贮存、处置许可证，许可证持有者应当依法承担其所处理、贮存、处置的放射性固体废物的安全责任。

通过采取以下措施，确保放射性固体废物处理、贮存、处置许可证持有者履行其责任：

①县级以上人民政府生态环境主管部门和其他有关部门应当按照各自职责对放射性固体废物处理、贮存、处置活动的安全性进行监督检查。

②县级以上人民政府生态环境主管部门在监督检查中发现许可证持有者有不符合原发证条件的情形的，应当限期改正，责令停产停业或者吊销许可证，没收违法所得并处以相应的罚款，责令限期采取治理措施消除污染，或者承担污染治理费用。

3.5.3 运行辐射防护

（1）将辐射照射保持在可合理达到的尽量低的水平

《电离辐射防护与辐射源安全基本标准》(GB 18871—2002）要求：对于来自一项实践中的任一特定源的照射，应使防护与安全最优化，使得在考虑了经济和社会因素之后，个人受照剂量的大小、受照射的人数以及受照射的可能性均保持在可合理达到的尽量低水平。

按照《核动力厂运行安全规定》(HAF 103)，核设施营运单位通过采取以下措施，确保辐射照射保持在可合理达到的尽量低的水平：

①制订并切实实施辐射防护大纲，包括技术上和管理上采取的预防性措施，如环境辐射监测，人员、设备和构筑物的去污等。

②通过监督、检查和监查，对辐射防护大纲的正确实施及其目标的实现进行核实，并在需要时对其进行修订。

③配备合格的了解乏燃料和放射性废物管理设施设计和运行中有关放射学方面知识的保健物理工作者。

④配置用于在运行状态和事故工况中进行辐射防护监督的设备，如设置固定式剂量率仪表、测量空气中放射性物质活度浓度的监测系统、测量放射性表面污染的仪器和测量人员所受剂量与污染的装置等。

⑤采用适当的方式和条件对乏燃料或放射性废物进行处理和（或）贮存。

⑥采取措施，降低乏燃料或放射性废物管理设施厂址内所产生的散布于厂址内或释放到环境中的放射性物质的数量和浓度。

⑦对放射性流出物和废物的产生与排放进行合理控制，并加强对放射性废物的管理。

⑧在《核动力厂环境辐射防护规定》(GB 6249—2011）规定的国家流出物排放控制值基础上，制定低于国家控制值的流出物排放管理限值，经国家核安全局批准后实施，并在运行过程中定期审查这些管理限值；制定监测和控制这种排放的方法和规程。

国家核安全局在核设施选址、设计和运行等一系列部门规章中，规定了核设施各阶段应遵守的与辐射防护相关的各项原则性要求：

①核设施选址时，应能确保保护公众和环境免受放射性事故释放所引起的过量辐射影响，同时对核设施正常的放射性物质释放也应加以考虑。

②核设施的设计要充分考虑辐射防护要求，如优化设施布置、设置屏蔽、尽量减少辐

射区内人员活动次数和停留时间，采取适当方式和条件处理放射性物质。

③采取措施降低厂内或释放到环境中的放射性物质的数量和浓度。

④充分考虑人员停留区域内辐射水平随时间的可能积累，尽量减少放射性废物的产生。

⑤核设施营运单位应对辐射防护的要求和设施实际情况进行评价分析，制定和实施辐射防护大纲，必须通过监督、检查和监查对辐射防护大纲的正确实施及其目标的实现进行核实，并在需要时采取纠正措施。

⑥核设施营运单位的辐射防护职能部门制订和实施放射性废物管理大纲和环境监测大纲，评价放射性释放对环境的辐射影响。

（2）剂量限值

《电离辐射防护与辐射源安全基本标准》（GB 18871—2002）规定了辐射防护原则和要求及剂量限值。该标准与国际放射防护委员会的第 60 号建议书和 IAEA 等国际组织制定的基本安全标准一致。

对任何工作人员的个人剂量限值和公众中关键人群组成员的个人剂量限值的有关规定如下：

1）职业照射

①由监管部门决定的连续 5 年的平均有效剂量（但不可作任何追溯性平均）限值为 20 mSv。

②任何一年中的有效剂量限值为 50 mSv。

③眼晶体的年当量剂量限值为 150 mSv。

④四肢（手和足）或皮肤的年当量剂量限值为 500 mSv。

2）公众照射

①年有效剂量限值为 1 mSv。

②特殊情况下，如果 5 个连续的年平均剂量不超过 1 mSv，则某一单一年份的有效剂量限值可以提高到 5 mSv。

③眼晶体的年当量剂量限值为 15 mSv。

④皮肤的年当量剂量限值为 50 mSv。

在考虑了经济和社会因素后，各核设施分别制定各自的剂量约束值，该值应低于国家规定的限值。

职业照射监测结果表明，我国所有运行核设施工作人员年有效剂量均低于国家标准规定的限值。

（3）防止放射性物质无计划或非受控地释入环境

根据《核动力厂环境辐射防护规定》（GB 6249—2011）和《核电厂放射性排出流和废物管理》（HAD 401/01），核电厂营运单位主要采取了以下措施防止放射性物质无计划或非受控地释入环境：

①针对核动力厂厂址的环境特征及放射性废物处理工艺技术水平，遵循可合理达到的尽量低的原则，于首次装料前向生态环境部（国家核安全局）申请放射性流出物排放量（以后每隔 5 年复核一次），经生态环境部（国家核安全局）批准后实施。

②核动力厂的年排放总量按季度和月控制，单个季度的排放总量不超过所批准的年排放总量的 1/2，单个月的排放总量不超过所批准的年排放总量的 1/5。

③液态流出物均采用槽式排放方式；气载流出物均经净化处理或衰变贮存后，经由烟囱释入大气环境。

④液态流出物总排放口的位置应充分考虑下游取水、热排放和放射性核素排放等因素的影响，避开集中式取水口，以及水生生物的产卵场、洄游路线、养殖场等环境敏感区。

⑤液态流出物排放均实施放射性浓度控制，且浓度控制值考虑了最佳可行技术，并结合厂址条件和运行经验反馈进行优化。

⑥液态流出物排放前均对槽内液态流出物进行了取样监测，并在排放管线上安装了自动报警和排放控制装置。

⑦建立可靠的流出物监测质量保证体系，制定流出物监测大纲，并依据该大纲对所排放的气态和液态流出物进行监测。

同时，地方生态环境主管部门对辖区内的核电厂流出物实施监督性监测，核查核电厂营运单位的流出物监测结果，防止放射性物质无计划或非受控地释入环境。

其他核设施营运单位也应采取相应措施，防止放射性物质无计划或非受控地释入环境。

（4）排放限值

《中华人民共和国放射性污染防治法》第 40 条规定，向环境排放放射性废气、废液，必须符合国家放射性污染防治标准。

《核动力厂环境辐射防护规定》（GB 6249—2011）对陆上固定式核动力厂运行状态下的气态和液态流出物的排放控制提出了具体要求：

①任何厂址的所有核动力堆向环境释放的放射性物质对公众中任何个人造成的有效

剂量，每年必须小于 0.25 mSv 的剂量约束值。

核动力厂营运单位应根据经监管部门批准的剂量约束值，分别制定气载放射性流出物和液态放射性流出物的剂量管理目标值。

②核动力厂必须按每堆实施放射性流出物年排放总量的控制，对于 3 000 MW 热功率反应堆，其控制值见表 3-1 和表 3-2。

表 3-1 气载放射性流出物控制

单位：Bq/a

	轻水堆	重水堆
惰性气体	6×10^{14}	
碘	2×10^{10}	
粒子（半衰期≥8 d）	5×10^{10}	
碳-14	7×10^{11}	1.6×10^{12}
氚	1.5×10^{13}	4.5×10^{14}

表 3-2 液态放射性流出物控制

单位：Bq/a

	轻水堆	重水堆
氚	7.5×10^{13}	3.5×10^{14}
碳-14	1.5×10^{11}	5.0×10^{11}（除氚外）
其余核素	5.0×10^{10}	

③对于热功率大于或小于 3 000 MW 的反应堆，应根据其功率适当调整。

④对于同一堆型的多堆厂址，所有机组的年总排放量应控制在上述②规定值的 4 倍以内。对于不同堆型的多堆厂址，所有机组的年总排放量控制值由国家核安全局批准。

（5）对于放射性物质无计划或非受控地释入环境的纠正措施

《放射性废物安全管理条例》对发现放射性物质无计划或非受控地释入环境时应采取的纠正措施作出了规定：放射性固体废物贮存单位和处置单位应当对设施周围的地下水、地表水、土壤和空气进行放射性监测，发现安全隐患或者周围环境中放射性核素超过国家标准规定的，应当立即查找原因，采取相应的防范措施，并向相应的主管部门报告。构成辐射事故的，应当立即启动本单位的应急方案，并依照相关法律法规的规定进行报告，开展有关事故应急工作。

3.5.4 安全要求

3.5.4.1 一般安全要求

我国已建立了系统的放射性废物管理政策和战略，以及完善的法规标准体系，并采取了一系列措施实现放射性废物管理安全，进而保护个人、社会和环境免受放射危害和其他危害。

我国采取了必要措施，确保放射性废物管理期间所产生余热的排出问题得到妥善解决。根据《放射性废物管理规定》（GB 14500—2002）和《高水平放射性废液贮存厂房设计规定》（GB 11929—2011），高放废液贮槽设计时，全面分析影响临界安全的各种因素，采取一切合理可行措施，保证临界安全；高放废液贮槽内设冷却装置，并满足百分之百备用；贮槽配置多重性或多样性的仪表，测量温度、液位等重要工艺参数；贮槽设置独立的应急冷却系统，确保在正常冷却水供应中断时贮槽内的废液温度仍低于 60℃。

放射性废物的产生量保持在可实际达到的最低水平，是我国法律法规的要求。《中华人民共和国放射性污染防治法》规定了核设施营运单位和核技术利用单位要通过合理选择和利用原材料，采用先进的生产工艺和设备，尽量减少放射性废物的产生量。《放射性废物管理规定》（GB 14500—2002）明确要求，在一切核活动中，应控制废物的产生量，使其在放射性活度和体积两方面均保持在实际可达到的最少量。《核动力厂环境辐射防护规定》（GB 6249—2011）和《核设施放射性废物最小化》（HAD 401/08—2016）明确了核设施设计、建造、运行和退役单位开展放射性废物最小化工作的具体意见，即通过废物的源头控制、再循环与再利用、清洁解控、优化废物处理和强化管理等措施，通过代价利益分析，使最终放射性固体废物产生量（体积和活度）可合理达到尽量低。

在废物管理过程中，应实施对所有废气、废液和固体废物的整体控制方案的优化和对废物从产生到处置全过程的优化，力求获得最佳的技术、经济、环境和社会效益，并有利于可持续发展。已发布的与放射性废物管理相关的法规、标准和导则考虑了从放射性废物产生、收集、分类、处理和整备，到其贮存、处置、排放，以及再循环和再利用等放射性废物管理不同步骤之间的相互依赖关系（图 3-2）。

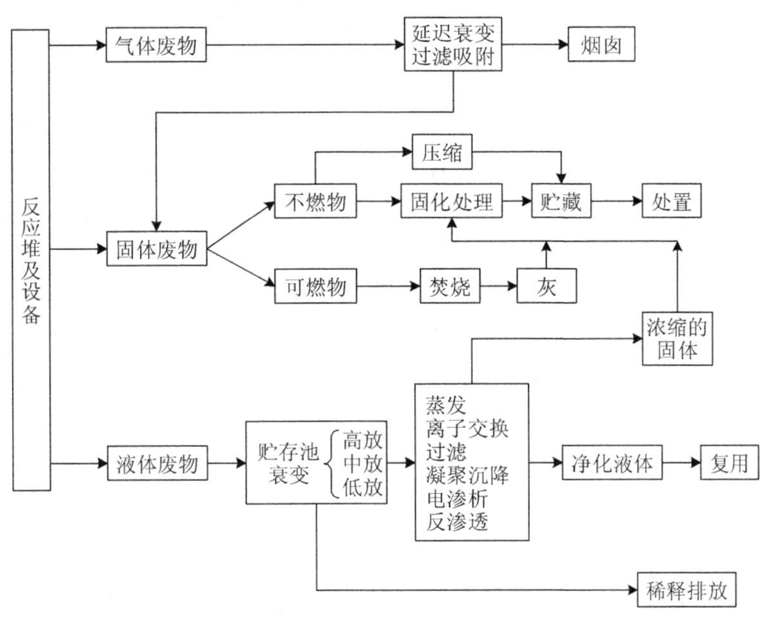

图 3-2 放射性废物管理基本步骤

我国建立并维持了一套由国家相关法律、行政法规、部门规章、管理导则及参考性文件构成的放射性废物管理的法律框架。通过实施上述文件，确保对个人、社会和环境提供有效保护。上述法律法规的制定和发布均经过了包括监管机构在内的相关部门的严格审查。这些法律法规详细规定了放射性废物管理各主要环节的管理要求（如放射性废物管理许可制度、处置设施关闭制度）和技术要求（如排放限值、剂量限值、近地表处置安全规定），规定了对公众、工作人员、环境的保护要求、准则和方法，这些要求与国际上相关的标准和准则基本一致。生态环境部（国家核安全局）和核设施主管部门还要对核设施营运单位实施、遵守标准的情况进行监督检查和监督性监测。

我国对可能与放射性废物管理有关的生物学、化学和其他危害已作了充分考虑。根据《放射性废物分类》公告、《低、中水平放射性固体废物近地表处置安全规定》（GB 9132—2018）和《放射性废物管理规定》（GB 14500—2002）要求，制定放射性废物分类体系时考虑了潜在的化学危害和生物危害，接收和处置的废物具有足够的化学、生物、热和辐射稳定性，且不会产生有毒气体，放射性废物处理系统设置了防火、防爆等装置，并保证排入大气的放射性及其他有害物质低于监管部门规定的限值。

《放射性废物安全管理条例》规定，核设施寿期内产生的放射性固体废物和不能经净化排放的放射性废液在处理并转变为稳定的、标准化的固体废物后，最终应被送交取得相应许可证的放射性固体废物处置单位处置。《低、中水平放射性固体废物近地表处置安全规定》（GB 9132—2018）规定：处置场关闭时，应在适当位置设立永久性标志，标明废物埋藏位置和有关事项；处置场关闭后，应按照监护计划实施主动或被动监护控制，应根据运行历史以及关闭和稳定化情况保留并开展适当的环境监测；关闭后的长期安全评价应确定关闭后长期安全分析评价的时间范围，应覆盖最大/峰值剂量或危险出现的时间，应评价处置系统性能、人类无意闯入活动等内容。

我国在相关法律法规和标准中均努力做到避免使后代承受过度负担。《放射性废物安全监督管理规定》规定，放射性废物的管理必须确保不给后代造成过度的负担。

3.5.4.2 选址

（1）设施选址

我国高度重视放射性废物管理设施的场址选择，已建立了相应的法规标准以便规范不同放射性废物管理设施的选址。

1）核设施配套的放射性废物管理设施的选址

核设施配套的放射性废物管理设施的选址应满足主体设施的选址要求。

在选址过程中，评估与场址有关的因素，包括地理位置和人口分布、自然资源（如矿藏、粮食、经济作物、水产等）、工业、运输、气象（如热带气旋、龙卷风、雷暴等）、水文、地质与地震等。

在选址过程中，评估此类设施不同岗位上的操作人员（包括运行、维修、放射性废物操作、在役检查等）的年人均剂量当量和年集体剂量当量；评估此类设施在正常运行和事故两种工况下对周围环境的影响，并由此论证厂址条件和安全设施的可接受性。

我国现有核设施配套的放射性废物管理设施均不会对其他缔约方产生影响。

2）核技术利用放射性废物贮存库的选址

评估与场址有关的因素。根据《核技术利用放射性废物库选址、设计与建造技术要求》和《放射性废物管理规定》（GB 14500—2002），在核技术利用放射性废物贮存库选址过程中，评估场址的自然条件，以及场址的社会与经济条件。

①在场址自然条件方面，应满足场址所在区域的地形地貌比较平坦、坡度较小；地质构造较简单，地震烈度较低；地下水位较深，离地表水距离较远；工程地质状态稳定（无泥石流、滑坡、流沙、溶洞等不良工程地表现象），岩土的透水性差、有足够承载力的地

基土层；气象条件（如温度、湿度、空气中的腐蚀性成分的含量等）较好；场址应位于不受洪水、潮水或内涝威胁的地带。

②在场址的社会与经济条件方面，场址所在地区不应位于人口稠密的城市规划区内，且附近没有对废物库安全造成影响的易燃易爆与危险物生产或贮存等设施；附近没有具有重要开发价值的矿产区、风景旅游区、自然保护区、饮用水水源地保护区或经济开发区；交通方便，水、电供应便利。

评估此类设施可能对个人、社会和环境造成的影响。根据《核技术利用放射性废物库选址、设计与建造技术要求》，在核技术利用放射性废物贮存库选址过程中，评估外部人为事件和自然事件对核技术利用放射性废物贮存库的影响，以及此类设施可能的放射性与有害物质的释放对公众和环境的影响，保证在设计寿期内为放射性废物提供与公众、环境间有足够的隔离和良好的包容性能，满足监管部门要求，满足安全运行和管理要求，并具备将来扩建、改造以及退役的便利条件。

我国现有核技术利用放射性废物贮存库均不会对其他缔约方产生影响。

3）放射性固体废物处置设施的选址

评估与场址有关的因素。根据《放射性废物管理规定》（GB 14500—2002）、《低、中水平放射性固体废物近地表处置安全规定》（GB 9132—2018）、《放射性废物近地表处置场选址》（HAD 401/05）和《高水平放射性废物地质处置设施选址》（HAD 401/06），在放射性固体废物处置设施选址过程中，评估场址的地震及区域稳定性、地质构造及岩性、工程地质、水文地质、地球化学、地表作用、气象条件、矿藏资源、自然和人文资源、人口密度，以及与地表水和饮用水水源、城市、机场和易燃易爆危险品仓库的距离等因素。

评估此类设施可能对个人、社会和环境造成的影响。在评估过程中，考虑处置场关闭后场址状况可能的演变。根据《低、中水平放射性固体废物近地表处置安全规定》（GB 9132—2018）和《放射性废物管理规定》（GB 14500—2002），在放射性固体废物处置设施选址过程中，分析放射性核素可能由处置场转移到人类环境的数量和概率、进入人体的机理、途径和速率，初步估算处置场在正常状态、自然事件和人为事件下公众所受的个人剂量当量和集体剂量当量，并作出安全评价；分析和评价处置场在施工、运行和关闭后各阶段对环境的影响，以及周围环境可能对处置场的影响。

按照《放射性废物安全管理条例》以及相关标准、导则的规定和要求，北龙处置场、西北处置场和飞凤山处置场的选址均严格遵守了规划选址、区域调查、场址特性评价、场

址确定等过程的要求，并对场址的地质构造、水文地质等自然条件以及社会经济条件进行了充分研究和论证。上述已投入运行的近地表处置场，在区域筛选阶段，根据地质等自然条件和人口、经济、交通等社会条件，在资料收集比较的基础上，确定了预选区域。在对多个可能场址进行现场踏勘和比较的基础上，推荐适宜的候选厂址。在不同候选场址上进行了场址特性调查，并分别编制了申请审批场址阶段的环境影响报告书和安全分析报告。根据审查意见，国家核安全局批准了相关场址。另外，正在辽宁、广西、福建等核电集中省份开展的放射性废物处置设施的选址工作也严格遵守了处置场选址要求。

在对华东、华南、西南、内蒙古、新疆和甘肃6个高放废物地质处置库的花岗岩预选区进行初步比较的基础上，由国家原子能机构组织重点在甘肃北山预选区开展了高放废物地质处置库选址的地质、水文地质条件、地震地质和社会经济条件研究，施工了部分钻孔，获得了深部岩样、水样和相关资料，初步建立了花岗岩场址评价方法，确定了地下实验室场址。今后几年，将进一步加强高放废物地质处置研究开发工作，完成各学科领域实验室研究开发任务（前期），完成地下实验室的可行性研究，并完成地下实验室建造的安全审评。在黏土岩预选区初步调查的基础上，国家原子能机构组织开展了内蒙古、甘肃和青海等高放废物地质处置库黏土岩重点预选区的补充调查，完成了规划选址阶段目标任务，确定了黏土岩处置库预选区，在该预选区推荐出两处黏土岩处置库预选地段开展初步调查，开启了黏土岩处置库区域调查阶段。

我国现有近地表处置场均不会对其他缔约方产生影响。

（2）信息公开

2018年施行的《中华人民共和国核安全法》设立了“信息公开和公众参与”专章，规定了核安全相关信息的公开和公众参与。2019年施行的《环境影响评价公众参与办法》规定，在向生态环境部（国家核安全局）提交环境影响报告书前，包括放射性废物管理设施在内的建设项目的建设单位应当通过网络平台，公开拟报批的环境影响报告书全文和公众参与说明。生态环境部（国家核安全局）在受理环境影响报告书后，应当通过其网站或者其他方式向社会公开环境影响报告书全文、公众参与说明、公众提出意见的方式和途径；在对环境影响报告书作出审批决定前，应当向社会公开包括建设项目概况、主要环境影响和环境保护对策与措施等信息；在作出建设项目环境影响报告书审批决定之日起7个工作日内，向社会公告审批决定全文。

我国正在逐步加强信息公开渠道建设。生态环境部（国家核安全局）、国家原子能机构和国家能源局等政府网站是核安全机关信息公开的主要平台。另外，《中国环境状况公报》《中国环境年鉴》《国家核安全局年报》《辐射环境质量年报》《中国环境报》及广播、电视、网络、微信等载体和渠道也是核安全机关信息公开的主要渠道。

3.5.4.3　设计与建造

我国已发布了《放射性废物管理规定》（GB 14500—2002）、《核动力厂环境辐射防护规定》（GB 6249—2011）、《低、中水平放射性固体废物近地表处置安全规定》（GB 9132—2018）、《核电厂放射性废物管理系统的设计》（HAD 401/02）、《核技术利用放射性废物库选址、设计与建造技术要求》和《核设施退役安全要求》（GB/T 19597—2004），用于规范核设施配套的放射性废物管理设施，核技术利用放射性废物贮存库和低、中放固体废物处置场的设计和建造。

（1）核设施配套的放射性废物管理设施的设计与建造

限制对个人、社会和环境可能造成的放射性影响。根据已发布的《核电厂放射性废物管理系统的设计》（HAD 401/02），与核设施配套的放射性废物管理设施的设计和建造主要考虑和采取以下措施：

①放射性废物管理设施的设计和建造与非放射性废物管理设施分开。

②根据辐射水平和可能的污染程度，对放射性废物管理设施进行适当分区并设置完善的防护措施，包括设置合适的辐射屏蔽、配置辐射监测仪表等。

③根据放射性废物来源和特性，设计放射性废物分类收集和处理工艺；设计合适的废物处理工艺（如过滤、吸附、洗涤、絮凝沉降、离心分离、蒸发、离子交换、膜处理、超压、固化等）；设置合适的工艺废气处理系统和放射性工作区通风系统的气流走向，保持一定的负压和/或换气次数；采取电气联锁等防范措施。

④根据设施预期寿期内的运行条件，并考虑运行过程的腐蚀、去污和辐照效应等，选择合适的材料。

⑤对于去污后需要进行维修或检查的设施，将其内表面设计为光滑的结构，并设置冲洗或清洗接口。

⑥在设施的适当部位设置取样点，取样管道尽量短，频繁取样管线共用取样设施；对排放前的气态和液态流出物进行连续或定期监测，根据设施内源项，监测项目可包括总 α、总 β 及主要放射性核素浓度等；当流出物中放射性浓度超过规定值，或者控制流出物排放的阀门失去动力时，能自动停止排放；设置适当的流量测量设备，对流出物实施受控排放。

⑦厂房的结构设计和布置考虑其退役时或退役后的附加载荷，并考虑为退役提供所需的场地和空间等因素。

⑧为减少安全分析中指出的重大风险（如地震、洪水和飞机坠毁等自然和人为事件）的影响，考虑相应的预防措施，如设施的主要设备、连接件、支撑件，以及设备间能够承受运行基准地震的影响。

⑨可能存在爆炸性气体时，设计中采取措施，使设施具备检测爆炸性气体、自动控制和报警的功能，尽量减少爆炸的可能性，或者使设施具备防爆功能。

考虑除处置设施以外的放射性废物管理设施退役时的概念性计划。根据《核动力厂设计安全规定》（HAF 102—2016）、《核设施退役安全要求》（GB/T 19597—2004）和正在制定中的《核设施退役安全管理规定》，核设施营运单位应在设施设计阶段考虑退役，制订初步退役计划。初步退役计划主要包括对于基本安全问题的考虑、预期的退役策略、采用现有或待开发的退役技术对设施退役的安全性和可行性的论证、退役废物的管理，以及退役费用及筹措方式和保障机构等。

包含在放射性废物管理设施设计和建造文件中的技术规范均引用了经正式批准发布且有效的国家标准与核安全法规等，并借鉴以往的运行和管理经验。

国家核安全局在颁发建造许可证前，对营运单位提交的申请建造阶段的环境影响评价报告、初步安全分析报告和质量保证大纲进行了审评。在核设施建造过程中，国家核安全局及其派出机构还向核设施制造、建造现场派驻核安全监督组（员），执行下列核安全监督任务：

①审查所提交的安全资料是否符合实际。

②监督是否按照已批准的设计进行建造。

③监督是否按照已批准的质量保证大纲进行管理等。

新建的三门核电厂、海阳核电厂，采用了成熟工艺，设计、建造了场址内所有机组共用的场址废物处理设施。该设施作为核电厂核岛废物处理系统的补充，处理场址内所有机组核岛产生的但无法直接处理的各类废物。该设计减少了单台机组内不必要的重复配置。场址废物处理设施划分为废物处理厂房、洗衣房和废物暂存库 3 个区域，主要用于放射性固体废物和化学废液的处理、工作服和工作鞋的清洗和复用以及废物包中间贮存。设施的辐射防护设计遵循可合理达到尽量低的原则。设施采用压实、超级压缩等减容技术处理放射性废物，尽量减少废物产生量。另外，处理后的废液经取样监测，通过连续剂量监测后进行槽式排放。

（2）核技术利用放射性废物贮存库的设计与建造

限制对个人、社会和环境可能造成的放射性影响。根据已发布的《核技术利用放射性废物库选址、设计与建造技术要求》，核技术利用放射性废物贮存库的设计和建造主要考虑和采取以下措施：

①通常，将设施分为贮存区、办公区和隔离区等几个区域。贮存区和办公区之间应相隔一定距离，库区围墙外设立隔离区。

②设施的平面设计合理布置人流和物流路线，避免交叉污染；人流路线遵循从低辐射区至高辐射区的原则。

③工艺设计满足废物库运行、检修和退役过程中废物接收、运输、存放、回取、外运、废物处理与处置、去污与拆除等活动所需的系统、设备、仪器、搬运工具的需求；具体措施包括废物和废旧放射源分类、分组排列存放，各组间预留一定距离，活度大或表面剂量率高的废旧放射源存放在设计有屏蔽盖板的贮存坑内，活度小或半衰期短的废旧放射源存放在地面上的铁柜内，放射性废物宜分类存放在地面上。

④设施配置适宜的通风设备，设置合适的空气流向，保证充足的通风换气次数。

⑤配置可携式剂量率仪、表面污染监测仪和可携式空气取样器等必要的辐射监测仪器，对工作人员、工作场所和空气污染水平进行监测。

⑥为从事废物搬运、吊装、检查、贮存、监测等放射性操作的工作人员提供必备的个人剂量监测仪表和个人防护用品（包括防护衣、手套、工作鞋、口罩等）。

在设计阶段，考虑核技术利用放射性废物贮存库退役时的概念性计划。根据《核技术利用放射性废物库选址、设计与建造技术要求》，营运单位应在设施设计阶段制订退役计划。该计划主要包括：

①退役设施的放射性源项估计。

②退役目标和终态辐射测量要求。

③拟采用的退役方案（包括特性调查、清除放射性物质和废旧放射源、去污、拆除、终态辐射测量）和使用现有技术实施安全退役的可能性。

④设施退役和退役废物管理所需的资源和条件。

⑤在建造阶段和运行阶段，对退役计划不断进行评估、细化与更新的要求。

在设计中，采用方便将来暂存库退役的技术措施。主要包括：

①在可能受污染的地面、墙面和工作台面使用光滑的、无缝的、不易吸附污染物的材

料和（或）容易去污的或剥离的涂料。

②建筑物、设备和管道的布置应考虑有足够的通道和空间以便于去污与拆除操作以及人员和机具的出入。

③设备和管道布置应防止放射性物质在系统和局部的沉积，并考虑就地去污的可能性。

④考虑适当的通风系统，以防在运行和退役去污、拆除作业中可能出现的污染扩散。

核技术利用放射性废物贮存库设计遵循的原则之一是：采用经过实践检验，证明是安全、可靠和有效的技术、工艺、设备和仪器等。包含在设施设计和建造文件中的技术规范均引用经正式批准发布且有效的国家标准与导则等。

（3）低、中放固体废物近地表处置场的设计和建造

限制对个人、社会和环境可能造成的放射性影响。根据已发布的《放射性废物管理规定》（GB 14500—2002）和《低、中水平放射性固体废物近地表处置安全规定》（GB 9132—2018），近地表处置场的设计和建造主要考虑和采取以下措施：

①设置不同的多重屏障，包括工程屏障（废物体、废物容器、处置结构和回填材料）和天然屏障。

②设计适当的防水和排水措施。设置工程屏障防止地表水和地下水的渗入，以尽量减少废物与水的接触。防水设计的重点是防止地表水和雨水渗入处置单元。处置场的防水设计考虑岩石的渗透性、吸附性、地面径流和地下水位等场址特性。排水设计保证能够将处置场地面和处置单元内的积水畅通地排走。

③除防水与排水设计之外，处置场设计还包括处置单元回填、覆盖层结构设计、地表处理、植被；处置单元与处置场边界之间设立缓冲区，在缓冲区地下水流向的上下游设置地下水监测井。

④按照处置场的总体规划布置包括出入口与通道、沾污区和非沾污区等在内的各处置单元。

⑤对于接收高表面剂量率废物包的处置场，设置远距离或遥控转运及放置废物包的设备。

⑥废物接收区的设计配置运输车辆和运输容器的检查装置（包括剂量率、表面沾污、货单的准确性等），卸出废物桶（箱）并逐个验证的器具，辐射监测报警系统，处理破损容器的设施，以及运输设备的去污装置及去污废物的处理设施等。

⑦设有能够对水、土壤、空气和植物样品进行日常分析的实验室；设有用于人体去污、人体及环境监测、仪表及设备维修、设备去污等的其他设施。

按照《低、中水平放射性固体废物近地表处置安全规定》（GB 9132—2018），已运行的近地表处置设施在设计阶段均准备了用于处置设施关闭的技术准备措施。这些措施包括：处置单元与处置场边界之间设立缓冲区，在缓冲区的适当位置设置地下水监测井；处置场均设置实验室，能够对水、土壤、空气、动物和植物样品进行分析，以便对场内和周围环境作出安全分析。另外，按照处置场设计要求，已处置废物的顶部与处置设施覆盖层顶部之间留有足够的距离，必要时设置防闯入屏障，该屏障的设计至少在有组织的控制期内可以为无意闯入者提供保护；处置场覆盖层的设计必须使水的渗漏量减少到实际可行的最低程度，并使渗透水或地表水得以导离处置单元和能抵抗地质过程和生物活动所带来的剥蚀。

西北处置场、北龙处置场和飞凤山处置场 3 个近地表处置场的设计均符合《低、中水平放射性固体废物近地表处置安全规定》（GB 9132—2018）的相关规定。西北处置场处置单元为混凝土底板的构筑物，废物桶之间和废物桶与处置单元壁之间用水泥砂浆充填，处置单元装满后浇筑钢筋混凝土顶板。处置场关闭时，在处置单元上铺设 2 m 厚的最终覆盖层。北龙处置场已建成的 8 个处置单元采用全地上坟堆式结构，处置单元为钢筋混凝土结构，废物桶之间用沙子和水泥砂浆回填，每个处置单元装满废物后，要用钢筋混凝土顶板封盖。处置场关闭时要铺设 5 m 厚的最终覆盖层。为了减少进入处置单元的雨水，在处置场的周边设计截（排）水沟，处置单元顶部设计有活动的挡雨仓房，处置单元底板下设计有渗析液收集系统。飞凤山处置场处置单元为地上土丘式的钢筋混凝土构筑物，废物包之间的缝隙用水泥砂浆充填，处置单元装满废物后，现浇钢筋混凝土顶板。采用 20 t 带移动式挡雨仓房的数控吊车远距离码放废物。处置单元底部中间部分设有地下管廊，用于接收雨水和渗析水。处置场周围设置场外截洪沟和场内排水沟，用于导出雨水。处置场关闭后铺设由 6 层不同材质组成的厚度为 5 m 的覆盖层。

3.5.4.4 安全分析

根据《中华人民共和国核安全法》《中华人民共和国放射性污染防治法》和《中华人民共和国民用核设施安全监督管理条例》（HAF 001），放射性废物管理设施建造前均进行适当的安全分析和环境影响评价。

放射性废物管理设施建造前进行适当的安全分析和环境影响评价。按照《放射性废物管理规定》（GB 14500—2002）、《高水平放射性废液贮存厂房设计规定》（GB 11929—2011）、《低、中水平放射性固体废物暂时贮存库安全分析报告要求》（EJ 532—1990）、《核技术利用放射性废物库选址、设计与建造技术要求》和《低、中水平放射性固体废物近地表处置安全规定》（GB 9132—2018），放射性废物管理设施的安全分析和环境影响评价考虑设施运行中的事故谱（如设施内通风系统失灵、废物吊装事故、废物转运事故、包装容器泄漏事故，以及地震、洪水、沙暴、火灾、人员操作失误和人员意外闯入等），明确分析评价采用的模型、选择的参数、所作的假设和相应理由，分析假想事故可能对设施造成的影响以及设施在假想事故下的安全性，分析设施在正常运行和事故工况下可能对环境和人类产生的影响，计算事故工况下最大个人有效剂量当量、人均剂量当量和评价范围内的集体剂量当量，与制定的性能准则进行比较，给出安全分析和环境影响评价的结论，明确指出设施存在的问题和为提高安全质量应采取的相应措施。

处置设施建造前对其随后的关闭时期进行系统的安全分析和环境影响评价。根据《低、中水平放射性固体废物近地表处置安全规定》（GB 9132—2018），预测、分析和评价现有处置场在建造、运行和关闭后各阶段可能对环境的影响，以及周围环境可能对处置场的影响等。现有处置场的评价结果表明，处置场址环境封闭，人口较少，场址所处区域稳定性好，台风、洪水和地震等自然灾害不会对其造成破坏性威胁，地质介质的渗透率低，对放射性核素有较强的吸附性，符合国家低、中放废物处置的场址要求。在处置场关闭后的正常情况下，核素通过地下水释放所致的公众最大个人年剂量远小于规定的限值。在处置场关闭后的人员无意闯入情况下，闯入者受到的剂量也小于规定的限值。处置场不会对环境造成不可接受的影响。

更新环境影响评价。根据《放射性废物管理规定》（GB 14500—2002），放射性废物管理设施或活动的营运单位应按法规规定和监管部门要求修改、更新，并向监管部门提交环境影响评价报告。

3.5.4.5 运行

《中华人民共和国放射性污染防治法》要求，核设施配套的放射性废物管理设施均与主体工程同时设计、同时建造、同时投入运行。按照环保竣工验收制度，在主体工程竣工后，核设施营运单位均向生态环境部（国家核安全局）提交了放射性废物管理设施试运行申请报告，并经生态环境部（国家核安全局）批准后进行了试运行。试运行结束后，生态环境部（国家核安全局）对其进行了竣工验收，验收合格后投入运行。

（1）核设施配套的放射性废物管理设施的运行

按照《中华人民共和国放射性污染防治法》《中华人民共和国民用核设施安全监督管理条例》（HAF 001）和《放射性废物贮存和处置许可管理办法》，在核设施运行前，营运单位均向国家核安全局提交了《核设施运行申请书》《最终安全分析报告》以及其他有关资料。国家核安全局对上述资料进行审核，并向符合建设要求和安全要求的设施发放核设施运行许可证。目前，核电厂、研究堆和核燃料循环设施配套的放射性废物处理、贮存设施仅处理、贮存本单位产生的放射性废物，未处理、贮存其他单位产生的放射性废物，因此无须领取运行许可证。

按照《核电厂运行安全规定》（HAF 103）、《核电厂运行限值和条件》（HAD 103/01）、《研究堆运行安全规定》（HAF 202）、《研究堆运行管理》（HAD 202/01）和《民用核燃料循环设施安全规定》（HAF 301），以及核电厂放射性废物处理系统相关技术规定，核设施营运单位均规定了放射性废物管理设施的运行限值和条件，如蒸发浓缩运行限值、水泥固（定）化工艺的连续处理量、辐射监测仪表（包括排出流监测）的报警限值和监测限值等。依据经验和技术进步，营运单位对上述运行限值和条件进行审查和适当的修订。

按照《核电厂运行安全规定》（HAF 103）、《研究堆运行安全规定》（HAF 202）、《民用核燃料循环设施安全规定》（HAF 301）、《核电厂营运单位的组织和安全运行管理》（HAD 103/06）和《研究堆运行管理》（HAD 202/01），核设施营运单位均制定了运行大纲、维修大纲、环境监测大纲、监督大纲和废物管理大纲等。根据大纲，进一步制定了包括系统工艺过程、主要设备、系统中的阀门操作和预定运行程序等在内的操作规程，制定了放射性废物管理设施维修计划和维修规程，制定了放射性流出物排放控制和监测程序，制定了包括放射性废物管理系统和设备的运行方式、参数等在内的工程规模的非放射性模拟试验和检查程序。核设施营运单位均严格按照上述大纲和程序开展相关工作。

按照《核电厂营运单位的组织和安全运行管理》（HAD 103/06），在核电厂配套的放射性废物管理设施营运的整个寿期内，维修人员均可定期轮流参加设施建造单位或设备制造厂举办的培训，设施运行经验、故障和事故分析均可从包括外部专家在内的专业机构获得咨询，相关质量保证的审查和监查均可由合格的外部人员独立实施，放射性流出物排放和废物现场处理等均可从专业咨询机构获得咨询。与此类似，在其他核设施配套的放射性废物管理设施的整个运行寿期内，营运单位也可获得所需的安全有关领域的工程和技术支持。

核电厂营运单位通常将其产生的放射性废物按来源分为工艺废物、技术废物和其他废物；并进一步根据废物的物理性状，将工艺废物分为蒸残液、废树脂、淤积物和过滤器芯等，将技术废物分为可压缩废物和不可压缩废物、可燃废物和不可燃废物等。营运单位制定了放射性废物分类程序，详细描述了各类废物的特征。

《中华人民共和国核安全法》规定，国务院有关部门应当建立核安全经验反馈制度。按照《运行核电厂经验反馈管理办法》，核电厂营运单位采取国家核安全局推荐的分析方法调查研究运行事件，并及时向国家核安全局报告；定期向国家核安全局提交内部事件的清单和摘要，并根据国家核安全局要求提交相应的内部事件报告。核电厂营运单位还依据国家核安全局相关要求，制定并有效实施了核电厂经验反馈大纲或管理程序。

按照《核设施退役安全要求》（GB/T 19597—2004），在核设施运行适当时间后，营运单位必须制订核设施退役中期计划，详细记录放射性废物管理设施在维修期间处理受污染或受辐照构筑物、系统和部件的情况，以便制订放射性废物管理设施的退役计划。根据正在制定的《核设施退役安全管理规定》，设施运行后，营运单位应每 10 年对退役计划进行一次修订。当设施运行发生重大改变、发生事件或事故需要对退役计划做出重要变更时，应及时修订退役计划。

（2）核技术利用放射性废物贮存库的运行

根据《放射性固体废物贮存和处置许可管理办法》，核技术利用放射性废物贮存库营运单位均取得了许可证。

核技术利用放射性废物贮存库均规定了废旧放射源贮存容器的表面剂量率限值、设施不同位置的表面剂量率限值和不同区域的通风换气次数等。

核技术利用放射性废物贮存库营运单位制定并严格实施了设备运行和操作程序，废旧放射源接收、检查与核实程序，废旧放射源包装整备程序，工作人员体表污染检查及去污程序，汽车和工具污染检查及去污程序，运行监测计划和辐射环境监测计划，设备定期检查和试验程序，放射性废物库安全防范系统要求等。

在核技术利用放射性废物贮存库营运的整个寿期内，可获得一切安全有关领域内的工程和技术支持。

核技术利用放射性废物贮存库营运单位制定了用于放射性废物特征描述和分类的程序。

根据《放射性废物安全管理条例》，核技术利用放射性废物贮存库营运单位发现安全隐患或者周围环境中放射性核素超过国家规定的标准的，应当立即查找原因，采取相应的防范措施，并向所在地省、自治区、直辖市人民政府生态环境主管部门报告。构成辐射事故的，应当按照相关规定进行报告，并开展事故应急工作。

根据《核技术利用放射性废物库选址、设计与建造技术要求》，在核技术利用设施运行中持续对退役计划进行评估、细化与更新。

（3）近地表处置场的运行

生态环境部（国家核安全局）于 2011 年向西北处置场和北龙处置场颁发了运行许可证，2016 年向飞凤山处置场颁发了运行许可证。运行许可证规定了许可处置的废物类别和允许处置的放射性核素总量、废物处置活动、许可期限等。

根据《低、中水平放射性固体废物近地表处置安全规定》（GB 9132—2018），西北处置场、北龙处置场和飞凤山处置场均规定了拟近地表处置的低放废物包的放射性核素含量、表面辐射水平、表面污染的限值，废物体的机械稳定性、抗浸出性、游离液体、化学组分、热和辐射稳定性、抗着火性、防微生物破坏性的性能要求，并对包装容器及其充填率提出了要求。

根据《放射性废物安全管理条例》和《低、中水平放射性固体废物近地表处置安全规定》（GB 9132—2018），西北处置场、北龙处置场和飞凤山处置场均制定并严格实施了废物处置运行规程，包括质量保证大纲、运行和操作程序、辐射防护大纲、环境监测计划、事故应急计划、设备定期试验程序等，按照处置场巡检管理要求、运行监测计划和辐射环境监测计划，对设施进行了安全性检查，并对处置设施周围的地下水、地表水、一定深度岩土、植物、空气和周围辐射环境进行了放射性监测，如实记录监测和检查数据，并于每年 3 月 31 日前向国家核安全局提交上一年度的运行总结报告。监测结果表明，三座处置场周围的环境状况均与接收废物前无明显差异。

在废物处置设施营运的整个寿期内，可获得一切安全有关领域内的工程和技术支持。

废物处置设施营运单位制定了用于放射性废物特征描述和分类的程序。

按照《放射性废物安全管理条例》，处置设施营运单位发现安全隐患或者周围环境中放射性核素超过国家规定标准的，应当立即查找原因，采取相应的防范措施，并向国务院生态环境主管部门和核工业行业主管部门报告。构成辐射事故的，应当按照相关规定进行报告，并开展事故应急工作。

3.5.4.6 关闭

按照《中华人民共和国核安全法》和《放射性废物安全管理条例》，放射性固体废物处置单位应当建立固体废物处置情况记录档案，包括废物的来源、数量、特征、存放位置等事项，并应永久保留记录档案。

按照《放射性废物安全管理条例》，放射性固体废物处置设施应当依法办理关闭手续，并在划定的区域设置永久性标志；依法关闭后，处置单位应按照经批准的安全监护计划，对关闭后的处置设施进行安全监护。按照《放射性废物安全监督管理规定》(HAF 401)、《低、中水平放射性固体废物近地表处置安全规定》(GB 9132—2018)和《放射性废物处置设施的监测和检查》(HAD 401/09),处置场关闭后,进行有组织的监护控制,监护控制可以是主动的(监测、监督和设施维护)或被动的(限制土地使用、设置永久性场址标志)控制;应根据处置场的运行历史以及关闭和稳定化情况,保留合适的环境监测功能,以保证处置场内放射性核素在其离开场址边界向场外释放前可给出早期报警。

按照《放射性废物安全监督管理规定》(HAF 401),处置场关闭后要进行有组织的监护控制,以便执行必要的补救行动。

3.5.5 质量保证

按照《中华人民共和国核安全法》和《中华人民共和国民用核设施安全监督管理条例》,下述设施的营运单位应取得核设施安全许可证。

(1)放射性废物管理的质量保证

根据《放射性废物管理规定》(GB 14500—2002),核燃料循环设施营运单位与核技术利用放射性废物贮存库营运单位主要采取以下措施,保证制定并执行其涉及的放射性废物管理和(或)废旧放射源管理的质量保证大纲:

①根据设施的规模和复杂程度,以及放射性废物和(或)废旧放射源的潜在危害性,营运单位制订了相应的质量保证大纲,并严格按照经认可后的质量保证大纲对其涉及的放射性废物和(或)废旧放射源进行管理。

②为确保质量保证大纲的实施,核燃料循环设施与核技术利用放射性废物贮存库的设计单位、建造单位和营运单位均编制和实施了相应的质量保证分大纲和其他质量文件。

③在编制和实施质量管理文件的过程中,上述单位重视对工作人员安全文化素养的教育,对工作人员开展相应的培训和考核。

④质量保证大纲包含的主要内容有质量方针和质量体系,负责编制和实施质量保证大纲的组织机构,设施的设计、建造、运行和退役的控制,物项和服务的采购控制,废物产生和分拣的控制,放射性废物和(或)废旧放射源的鉴定和控制,废物管理各阶段工艺参数的控制,文件和记录的控制,以及监查等。

(2)放射性废物近地表处置的质量保证

我国现有 3 座近地表处置场在运行。根据《低、中水平放射性固体废物近地表处置安全规定》（GB 9132—2018），营运单位均编制了质量保证大纲，对处置场选址、设计和建造、运行、关闭和关闭后有组织控制期等阶段作出了规定，并组织实施。

质量保证大纲考虑了各要素对处置场安全性的潜在影响，根据运行阶段和关闭后阶段的安全评价结果确定对安全操作、安全处置重要的活动、构筑物、系统和设备的要求。质量保证大纲还对相关技术文件的更新和长期有效性作出规定：

①选址阶段的质量保证大纲对选址有关的所有文件、证明资料的产生和保存作出规定，使这些资料准确、有效并具有代表性。在近地表处置场的设计、建造和运行期间，特别注意对工程屏障设计、废物特性和操作程序等变化的控制，以保证不会对处置场的安全性能造成不利影响。无论何时，当重要参数发生变化时，应及时更新安全评价。

②质量保证大纲应指明处置场的安全不仅取决于营运单位，而且与废物产生单位对废物的处置前管理有关。废物产生单位应保证送交的废物包满足处置要求，向处置场提供符合质量保证要求所需的文件（如废物种类、特性，放射性核素种类、活度浓度，废物包的编号和包装容器规格等）以及其他可能影响处置安全的文件，并对文件的真实性负责。废物处置接收质量保证大纲描述了废物处置接收流程；废物处置接收的验收和抽检内容，包括文件检查，废物包的表观质量、标志、表面剂量率和表面污染检查，废物包性能的破坏性或非破坏性检测等。

③关闭和关闭后有组织控制期的质量保证大纲应规定收集和保存对处置场长期安全性重要的所有资料。应保存处置场从选址到关闭后有组织控制期各阶段的资料，如场址特性资料、工程设计图纸和说明书、废物清单、安全分析报告和环境影响评价报告、环境监测结果以及处置场关闭资料等。

3.6 主要实践

3.6.1 处置前管理

按照“三同时”要求，核设施营运单位均配套建设了放射性废物管理设施。各核设施均制定了放射性废物管理大纲及程序，对放射性废物实施分类管理。

通常，核设施营运单位应对其产生的放射性废气和废液进行处理，满足排放标准后排放，并保持合理可行尽量低的水平；对其产生的放射性固体废物和不能经净化排放的放射

性废液进行处理，使其转变为稳定的、标准化的满足处置要求的废物包后自行贮存，并及时送交取得相应许可证的放射性固体废物处置单位处置。通常，核设施放射性废气处理方法包括过滤、吸附、贮存衰变等；放射性废液处理方法包括过滤、蒸发、离子交换、硅胶吸附、膜处理等；固体废物处理方法包括水泥固化（定）、超级压缩、高完整性容器、热态压缩等。

我国各运行核电厂持续实施放射性废物最小化管理。通过培训、宣传增强全体员工和承包商的废物最小化意识；采用诸如预压缩和超级压缩、将水泥固化包装容器改为金属桶等减容技术，使用由可降解材料制成的纸衣、鞋套等防护用品等措施；在新建核电厂设计中，积极采用新的废物处理技术和运行模式，如桶内干燥、废树脂干燥热压、移动式废液处理装置和集中的废物处理设施等。2008—2011 年，国家原子能机构和国家核安全局共同组织相关研究单位、核燃料循环设施营运单位、核电厂营运单位开展了“放射性废物最小化战略与顶层设计研究”项目。项目研究了放射性废物最小化战略与政策，核燃料循环前端、核电厂以及核燃料循环后端放射性废物最小化措施，核技术利用和研究堆放射性废物最小化措施等；开发了放射性废物最小化分拣技术及装备等实用专项技术。2016 年，国家核安全局发布了《核设施放射性废物最小化》（HAD 401/08—2016），用于指导核电厂的废物最小化工作。

中国核能电力股份有限公司依据《中国核电放射性废物最小化技术支持工作准则》开展各运行核电厂放射性废物最小化技术支持活动。2019 年 6 月和 11 月分别完成了对秦山核电厂和三门核电厂的废物最小化技术支持活动，通过中国核能电力股份有限公司内部各核电厂间的交叉巡视，采用现场检查、文件查阅、记录审核、人员访谈等形式，查找目标核电厂在放射性废物管理方面的不足与待改进项，促进核电厂放射性废物最小化管理水平提升，并发掘其潜在的良好实践用以推广至其他核电厂的废物最小化管理。2019 年，中国核能电力股份有限公司组织编制了《中国核电运行电厂放射性废物产生量评价指标确立方案》等 4 项管理程序。中国核能电力股份有限公司所属各运行核电厂依照相关管理制度，严格审批排放申请，加强排放监测和监督，控制并尽可能减少放射性废物排放，放射性年排放量远低于批准限值。

中国广核电力股份有限公司设立了放射性废物管理领域同行小组，致力于各运行核电厂放射性废物管理“标准化、专业化、集约化”战略的落实，并推进实现放射性废物最小化。同行小组遵循“以废物处置为核心，通过技术和管理措施实现废物最小化”的基本原则，通过了解、分析行业领域的先进业绩，系统性地消除差距，实现并维持放射性废物最小化管理的先进绩效水平。2019 年，中国广核电力股份有限公司提出了核电厂中期和远期放射性废物产量控制目标值，通过同行小组推进落实放射性废物产生源头控制，研究选择放射性废物减容方案，确保实现放射性废物产生量的控制目标。

我国重视低、中水平放射性废物处理和处置设施规划与规划的实施。《核安全与放射性污染防治“十三五”规划及 2025 年远景目标》提出了保持核电厂高安全水平、降低研究堆和核燃料循环设施风险、加快核燃料循环设施退役及放射性废物处理处置等 9 项重点任务；明确了包括核设施退役及放射性废物治理在内的五方面重点工程；要求发布实施中、低水平放射性固体废物处置场规划，开展 5 座中、低放固体废物处置场选址、建设，形成中、低放固体废物处置的合理布局，推进核电废物外运处置；建设放射性废物集中处理示范工程，推广可燃放射性固体废物焚烧、放射性污染金属熔炼技术应用，推进核电厂放射性废物减容与清洁解控，实现放射性废物最小化。

我国 31 个省（自治区、直辖市）均建成了核技术利用放射性废物贮存库，主要用于贮存本省（自治区、直辖市）工业、农业、医疗、教学、科研等领域产生的废旧放射源。各地省级生态环境行政主管部门设置了专门机构，配备了专业人员，负责归口核技术利用废旧放射源的监督管理和环境监测工作。通过已运行多年的国家核技术利用辐射安全监管系统可知，截至 2019 年 12 月 31 日，各省、自治区、直辖市核技术利用放射性废物贮存库已收贮废旧放射源 61 574 枚，国家废放射源集中贮存库已收贮废旧放射源 105 428 枚。同时，允许生产厂家开展 ^{60}Co、^{137}Cs、^{241}Am/Be 和 ^{238}Pu/Be 等废旧放射源的回收再利用实践。

- 关注天然放射性废物的辐射风险

我国自 20 世纪 70 年代开始关注 NORM 活动的辐射环境管理问题，主要集中于伴生矿尾矿与废渣的管理，相关工作主要包括环境放射性水平的调查和法规标准的建设等。1983—1990 年国家环境保护总局组织开展了全国天然放射性水平调查，并分别于 1991 年和 1999 年对部分省市的石煤与稀土矿等伴生矿开发利用项目的辐射环境影响进行了深入调查，发现石煤和稀土等伴生矿的开发利用已对周围的辐射环境带来一定影响。部分有色金属地下矿山的职业照射典型值高达 16 mSv/a，其中超过职业照射剂量限值 20 mSv/a 的百分比很大。近几年，江苏、重庆、广东等省市对本地伴生矿开发利用的辐射环境影响开展了调查，结果表明稀土、煤炭等矿的开发利用对当地环境造成了一定的放射性污染。2007 年国务院组织开展了第一次全国污染源普查，首次在全国范围内对 11 个可能引起天然辐射水平升高的工业行业开展了辐射污染调查。

为保障伴生矿周围的环境安全，2003 年颁布实施的《放射性污染防治法》将伴生放射性矿开发利用中的放射性污染防治纳入审管范围，要求编制环境影响报告书，报省级生态环境主管部门审批。《放射环境管理办法》要求执行环境影响评价和“三同时”制度，并对废物的再利用和贮存做了规定。《伴生矿环境保护监督管理手册》规定“放射性比活度大于 7×10^4 Bq/kg 的废渣，按规定收集、包装，全部送城市放射性废物库贮存”。国家核安全局已将《伴生放射性矿开发利用引起天然辐射照射增加的控制》作为辐射环境系列导则列入我国核与辐射安全法规体系。

3.6.2 放射性废物处置

我国现有 3 座近地表处置场投入运行。中国核工业集团有限公司、中广核集团有限公司和国家电力投资集团有限公司正在福建、浙江、广西、辽宁和山东等核电相对集中的省份组织开展低放废物处置设施的选址工作。

我国正在开展放射性废物中等深度处置的研究和探索。2019 年 10 月，国家原子能机构批复了放射性废物中等深度处置前期科研（顶层设计阶段）项目。

3.6.2.1 低放废物处置

我国已在部分核设施场址内建成 4 座运行极低放填埋场，用于处置该设施遗留和退役产生的极低放废物。

我国低、中放废物处置工作始于 20 世纪 80 年代。1983 年，核工业部科学技术委员会成立了放射性废物处理处置组，在全国 5 个重点区域开展放射性废物处置设施的选址工作。同时，中国辐射防护研究院和日本持续开展了十多年的核素迁移现场试验研究。1992 年，国务院批准下发《关于我国中、低放水平放射性废物处置的环境政策》，要求在低、中放废物相对集中的地区陆续建设国家低、中放固体废物处置场，分别处置该区域或临近区域内的低、中放固体废物。

1998 年和 2000 年我国分别建成西北低、中放固体废物处置场和广东北龙低、中放固体废物处置场，并均于 2011 年获得国家核安全局颁发的运行许可证。西北低、中放固体废物处置场规划容量 20 万 m^3，首期 6 万 m^3，已建成 2 万 m^3。广东北龙低、中放固体废物处置场规划容量 24 万 m^3，首期 8 万 m^3，已建成 8 800 m^3。《中华人民共和国国民经济和社会发展第十三个五年规划纲要》进一步明确，2016—2020 年建设 5 座低、中放废物处置场。

3.6.2.2 中放废物处置

随着核工业的发展，我国积累了相当数量含长寿命放射性核素浓度较高的低、中放废物。由于近地表处置场有组织的控制结束后，仍然不能衰变到无害化水平，目前这些废物暂时贮存在核设施附近。而且此类废物的活度较大，一旦发生事故，可能会产生急性效应，具有一定的潜在危害。此外，长期贮存也给国家和废物产生单位带来了一定的社会风险和经济负担。因此，《中华人民共和国核安全法》规定，低、中水平放射性废物在国家规定的符合核安全要求的场所实行近地表或者中等深度处置。这为上述废物提供了安全处置选项。

虽然我国已建成两个低、中放废物近地表处置场，但并未对这些活度高、寿命长的低、中放废物进行专门的考虑和安排，因此，从安全角度，目前的工程设计与运行尚不具备处置这些废物的条件。这样，考虑这些废物的处置成为一个必要的问题。从现有的处置技术路线出发，可考虑的方案包括地质处置、工程强化的近地表处置或中等深度的处置。地质处置固然可以保证安全，但从我国实际看需考虑处置成本和时间。按照我国高放废物地质处置研究与开发规划指南，我国的高放废物地质处置库在21世纪50年代左右才能投入运行，短期内无法实现。工程强化的近地表处置不失为一个可选择的方案，但是长期安全是否能令人信服，特别是处置设施关闭后的人为侵扰因素对其处置安全的影响难以估计。而中等深度的处置是在经济上优于地质处置、而安全上高于近地表处置的一种处置方案，可以作为短期内实现我国低、中放废物处置的一种选择。

根据美国对此类废物源项的估算：①中放废物主要包括退役后反应堆内部受长期辐照的结构件、核反应堆运行的废树脂和废过滤器芯等、废放射源和乏燃料后处理等过程产生的一些特殊废物。②废物源项分析和估算非常复杂，不同的部门估算的结果差别很大，甚至相同的部门采用不同的方法估算的结果也有一定的差异。③废物的数量总体较小，但活度较大，活度浓度为 5.0×10^{12}～4.6×10^{15} Bq/m^3，具有较大的危害，一旦发生事故，会产生急性效应。④废物中主要放射性核素的半衰期很长，具有一定的长期潜在危害，需慎重考虑其安全处置问题。

我国潜在的中放废物包括以下几类：

（1）铀矿及含 NORM 工业废物

核燃料循环的前段主要包括铀矿勘探、开采、冶炼、转化、浓缩和元件制造等过程，由于铀矿含有天然放射性核素 ^{238}U 和 ^{235}U 及其衰变子体，因此，产生的废物都具有一定的放射性，如废矿石、尾矿、铀浓缩及燃料元件生产和退役过程中产生的废物。其中废矿

石和尾矿主要含镭和钋等放射性核素，并释放出放射性气体氡，通常处置在废石场和尾矿库就能满足安全要求。而铀转化、浓缩和元件制造在运行和退役过程中通常会产生一定量的含铀废物，可能需要进行专门的考虑。日本计划采用对核燃料循环前段产生的含铀废物进行中等深度处置，法国则计划对铀钍矿和伴生矿资源开发利用过程中产生的含镭废物进行中等深度处置，目前正在开展相关的场址调查和安全论证工作。由于矿物资源开发利用的工艺过程比较复杂，而且关于此类废物处置相关的管理体系也在不断变化。因此，很难估算需要进行中等深度处置的废物量。法国初步估算预计处置的含镭废物为 30 000 t，整备后体积约为 35 000 m^3。

（2）反应堆废物

1）压水堆核电站废物

核电站在运行期间和退役后都会产生一定量的不适合近地表处置的低、中放废物，主要包括活化的金属（反应堆运行和退役产生的活化物件）和工艺废物（即核电站运行过程中产生的高活度树脂、更换的过滤器芯等）。

美国估算一座运行 40 年的压水堆核电站退役后产生的废物量为 18 000 m^3，其中高效废物为 126 m^3（占总废物量的 0.7%），主要长寿命核素为 ^{14}C 和 ^{63}Ni 等，美国现有 100 多座核电站反应堆，退役后预计产生的高效废物约为 1 300 m^3，总活度约为 6.0×10^{18} Bq。我国正处于核电发展的快速增长期，预计将来核电站退役产生的废物与美国相当。

2）气冷堆石墨废物

气冷堆通常采用石墨做中子慢化剂和反射层，还用作套管和其他部件。气冷堆在运行和退役过程中会产生大量的石墨废物，由于废物中含长寿命放射性核素 ^{14}C 和 ^{36}Cl，其活度浓度较高，通常不适合近地表处置。法国共有 8 座石墨气冷堆需退役，总功率为 2 000 WM，运行期间产生的石墨废物为 5 750 t（整备后体积约为 25 000 m^3），预计完全退役后产生的石墨废物为 23 000 t（整备后体积约为 100 000 m^3），其中 ^{36}Cl 的活度浓度约为 1.5×10^6 Bq/kg，高于法国近地表处置场的接收限值。我国清华大学核能研究院正在运行一座功率为 10 MW 的高温气冷实验堆（HTR-10），并计划在山东省荣成市建设世界上首座高温气冷堆示范电站，规划建设 20 个模块，总装机容量为 400 MW，根据法国产生的石墨废物量初步推算我国将来产生的石墨废物约为 20 000 m^3。

3）重水堆含 ^{14}C 废树脂

重水堆以重水作为慢化剂，重水中的氧在堆芯经 ^{17}O（n，α）^{14}C 反应后生成 ^{14}C。由

于 ^{14}C 在水溶液中主要以碳酸氢根和碳酸根形态出现，极易被阴离子交换树脂吸附，致使慢化剂净化系统的树脂中 ^{14}C 活度浓度高达 9.2×10^{12} Bq/m^3，超过我国低、中放废物近地表处置的接收限值，因此需要考虑此类废物的中等深度处置。目前，我国秦山三期两个CANDU 堆由慢化剂生成的 ^{14}C 约为 17.8 TBq/a，每年产生的废物量约为 2 m^3，按运行 40 年计算，产生的废物量共计 80 m^3。

4）废放射源

近年来，主要在生态环境部的组织下，我国在废放射源管理方面开展了大量的工作，包括废放射源的综合管理、分类、长期贮存、近地表处置和钻孔处置等。相关研究报告中推导的废放射源近地表处置活度限值见表 3-3。中核清原公司收贮的废放射源中寿命较长（半衰期＞30 年，含 ^{90}Sr）的废放射源有 6 万多枚，根据核工业废放射源数据库中的活度分布情况及中国辐射防护研究院《废放射源近地表处置安全要求》中的活度限值推算出不适合近地表处置的废放射源有 8 000 多枚，约占此类废放射源的 12.7%，见表 3-4。此外，城市放射性废物库收贮的废放射源有 6 万多枚，其中也有相当数量的废放射源不适合进行近地表处置，按上述比例推算也有 6 000 多枚废放射源不适合进行近地表处置。由此可见，我国目前所收贮的废放射源中仍有将近 1.4 万枚废放射源不适合进行近地表处置。虽然中辐院推导的废放射源近地表处置活度限值与其他两个单位推导的有所区别，但仍可大致推算目前收贮的废放射源中有 1 万枚左右不适合近地表处置。

表 3-3 废放射源近地表处置的活度限值

放射性核素	活度限值/Bq		
	文献 1	文献 2	文献 3
^{90}Sr	5.0×10^9	1.3×10^7	1.8×10^8
^{137}Cs	5.0×10^9	1.0×10^7	5.0×10^9
^{238}Pu	1.0×10^6	2.5×10^4	1.0×10^7
^{63}Ni	1.0×10^{11}	8.7×10^8	1.5×10^{10}
^{241}Am	1.0×10^7	4.2×10^3	1.0×10^7
^{226}Ra	1.0×10^6	1.2×10^4	1.0×10^7
^{239}Pu	8.0×10^6		1.0×10^7

表 3-4 废放射源集中贮存库中不适合近地表处置废放射源的数量及分布情况

核素	活度范围/Bq	近地表处置的活度限值/Bq	总数量/枚	不适合近地表处置的废放射源	
				百分比/%	数量/枚
^{90}Sr（^{90}Y）	4.22～1.90×10^{11}	5.0×10^{9}	4 672	0.6	28
^{137}Cs	10.0～3.78×10^{13}	5.0×10^{9}	15 495	21.1	3 265
^{238}Pu	10.0～3.70×10^{10}	1.0×10^{6}	419	40.0	167
^{241}Am	105～3.08×10^{11}	1.0×10^{7}	39 687	0.6	233
^{241}Am-Be	1.00×10^{6}～9.25×10^{12}	1.0×10^{7}	442		
^{226}Ra	225～7.40×10^{10}	1.0×10^{6}	4 743	94.4	4 561
^{226}Ra-Be	3.70×10^{4}～8.88×10^{11}	1.0×10^{6}	88		
^{239}Pu	5.00～2.62×10^{10}	8.0×10^{6}	609	19.6	135
^{239}Pu-Be	2 620～3.70×10^{9}	8.0×10^{6}	80		
总数			66 235	12.7	8 389

5）其他废物

其他废物来源主要包括核燃料循环设施退役产生的被污染的设备、器材等和后处理产生的中、低放废液及其固化体，美国初步估算此类废物的量为 8 000 m^3，其中含有一定量的超铀核素、长寿命裂变核素和活化金属等。我国核燃料循环采用闭路循环方式，随着核电事业的快速发展，预计将来可能产生的废物量不少，需要考虑此类废物的处置方式。

3.6.2.3 高放废物处置选址前期研究和地下实验室的建造

我国高放废物地质处置研发工作始于 1985 年提出的“中国高放废物深地质处置研究发展计划”（即 DGD 计划），研发计划分为选址、概念设计、核素迁移和安全评价 4 个主要方面工作，经过全国场址初选、地区初选，初步确定甘肃北山为重点预选区。2006 年，科技部、国防科工委和国家环保总局发布《高放废物地质处置研究开发规划指南》，明确了深地质处置开发的主要技术路线和研发的总体设想，提出 2020 年建成高放废物地质处置地下实验室、21 世纪中叶建成高放废物地质处置库的目标。《核安全与放射性污染防治“十二五”规划及 2020 年远景目标》和《核电中长期发展规划（2011—2020 年）》再次要求 2020 年前建成高放废物地质处置地下实验室。目前，我国正开展高放废物地质处置库场址调查和地下实验室可行性研究工作。

我国重视高放废物处置规划。2006 年，国家原子能机构、科技部和国家环境保护总局联合颁布了《高放废物地质处置研究与开发规划指南》。该规划指南提出我国高放废物地质处置研究的总目标是选择地质稳定、社会经济环境适宜的场址，在 21 世纪中叶建成国家高放固体废物地质处置设施，通过工程屏障和地质屏障的包容、阻滞，保障国土环境和公众健康在长时间内不会受到高放废物的不可接受的危害。该规划指南将研究开发和处置设施工程建设划分为三个阶段：实验室研究开发和处置设施选址阶段（2006—2020 年）、地下实验阶段（2021—2040 年）、原型处置设施验证与处置设施建设阶段（2041 年—21 世纪中叶）。《中华人民共和国国民经济和社会发展第十三个五年规划纲要》进一步明确，2016—2020 年将建设 1 个高放废物处置地下实验室。《核安全与放射性污染防治"十三五"规划及 2025 年远景目标》要求加快高放废物处置研究，"十三五"期间开工建设高放废物地质处置地下实验室，推进高放废物地质处置场选址与场址调查，开展工程屏障、处置工艺技术、处置化学、安全评价等研究，明确高放废物地质处置安全目标和原则，研究我国高放废物地质处置选址技术安全准则。

国家原子能机构组织开展了高放废物地质处置库选址和相关科研工作。在华东、华南、西南、内蒙古、新疆和甘肃 6 个预选区进行了初步的场址区域筛选，重点研究了北山预选区的场址特征。

2019 年 5 月，国家原子能机构批复了《中国高放废物地质处置地下实验室工程项目建议书》，提出在甘肃北山新场地段建成具有国际先进水平的高放废物地质处置地下实验室。2019 年 12 月，国家原子能机构批准成立了高放废物地质处置地下实验室建设工程项目总指挥和总设计师系统。目前，国家原子能机构正组织开展地下实验室工程建设和组织实施地下实验室建造过程中的有关研究工作，批复了高放废物处置库处置坑机械开挖设备研究项目、地下实验室场址环境长期监测和影响研究项目、地下实验室示范处置巷硐结构布置及处置概念前期研究项目、地下实验室条件下缓冲材料原位试验安装技术研究项目、地下实验室深部围岩力学特性和长期稳定性研究项目、地下实验室深部岩体开挖关键技术研究项目、地下实验室场址深部地质环境研究项目、地下实验室场址水文地质特性研究项目和深部围岩条件下核素释出和迁移行为研究项目 9 个高放废物地质处置研发项目。

第4章 核设施放射性废物管理

虽然我国放射性处置工作起步早，并在法规建设、工程研发等方面取得了一定进展，但随着放射性废物产生量与日俱增，导致暂存风险持续加大，放射性废物处置能力与核能发展需求不适应的状况愈加突出。我国在建、运行核电机组已达 62 台，位居世界第二，但至今仅建成 3 座近地表处置场，且只有 1 座用于接收核电厂运行产生的低放废物，处置缺口巨大。

4.1 核电站废物管理

核电在给人类带来巨大利益的同时，也产生了能污染环境和影响人体健康的放射性废物。对此必须进行深入细致的研究，认真加以对待。

4.1.1 核电站运行废物概述

4.1.1.1 废物来源及其特性

在核电站运行过程产生的放射性废物主要来源于：①主工艺设备及放射性废气、废液和固体废物（以下称“三废”）处理设备的运行。包括回路泄漏或排污和“三废”处理系统产生的二次废物；回路泄漏或排污主要产生气载放射性废物和液态放射性废物；“三废”处理系统主要产生固体废物。②运行中的技术检修过程。③日常运行产生的各类防护用品和更换下来的设备及材料。核电站运行产生的废物比活度大部分都不高，基本属于低放废物的范围。

4.1.1.2 废物具体分类及数量

①气载放射性废物：分为工艺排气和厂房通风系统排气两类。主要含有惰性气体、放射性碘、氚水蒸气、碳-14 及气溶胶等。

②放射性废液：来自主回路定期排污水、各净化系统排水及事故排水。可分为 3 类：a. 杂质较少的工艺废水；b. 杂质及含盐量较高的化学废液，主要来自实验室排水、去污清洗水、洗衣房和淋浴排水；c. 冲洗地面废水。

③固体废物：可分成 3 类：a. 日常运行沾污的衣物、防护用品、更换下来的过滤器芯、活性炭等，其特点是量大，放射性水平不高，多为可燃可压缩废物；b. 报废的设备部件及检修去污过程产生的污染物，大部分是不可燃、不可压缩的废物；c. 处理废液过程产生的湿固体废物，如废树脂、化学泥浆、蒸残液和液体过滤器芯，这类废物比活度较高。表 4-1

给出了一座 900 MW 单机组压水堆核电站运行一年的废物量。

表 4-1 一座 900 MW 单机组压水堆核电站运行一年的废物产生情况

废物种类	放射性/Ci	体积（数量）
废树脂（RCV、TES）	960	8 m^3
废过滤器（TES、APG）	140	100 只
蒸残液	25	25 m^3
可压缩废物	16	300 m^3
不可压缩废物	25	30 m^3
废树脂（APG）	可忽略	6 m^3
总计	1 166	369 m^3+100 只

4.1.2 核电站废物管理系统

4.1.2.1 废物管理原则

核电站“三废”管理的内容是广泛的，绝不能局限于单一的“三废”处理。应遵循下述三条原则：

首先，应尽量减少“三废”的产生量和放射性浓度。这需要尽最大可能保证燃料元件包壳的完整性以及一回路系统的密封性，这就要求采用性能较好的锆合金包壳和耐腐蚀的材料制造设备、管道、阀门等部件，严格采取防漏检漏措施，在可能产生泄漏的部位如阀杆、泵轴、密封面等设置引漏管线，设置密封的安全壳等。这些措施不仅能保证反应堆的安全运行，而且也是减少放射性“三废”的根本办法。

其次，对已产生的“三废”必须严格加以收集和控制，避免放射性扩散和蔓延。为此，必须设置各种“三废”收集系统，按“三废”的种类、性质和放射性水平加以分类，务必不使少量的高放射性废水、废气与大量的低放射性废水、废气相混淆。

最后，对已收集到的“三废”进行有效处理。处理后的废水、废气尽可能循环复用，排出的“三废”必须符合国家规定的排放标准。

“三废”的管理是和核电站的设计、制造、运行等密切结合在一起的，由于对放射性“三废”治理提出了严格的要求，因此核电站直接用在“三废”治理方面的投资也比一般火电厂多。

4.1.2.2　废物管理系统

根据上述原则各核电站都设置了高效而可靠的废物管理系统，系统中包含了 3 个环节，即收集、处理整备和排放。这是核电站废物管理最显著的特色。

（1）庞大的收集系统实现了很细的废物分类

收集系统是废物管理的首端，是为后续处理提供物料的，因此，各核电站都遵循了分类收集的原则，恰到好处地将废物分类收集会使处理或整备设施发挥很高的效率，也是符合优化原则的。我国秦山核电站和大亚湾核电站由于采用了废物分类收集的管理措施，废物的产生量逐年减少。表 4-2 给出了秦山核电站废物分类收集情况。大亚湾核电站废物分类收集情况与表 4-2 类似。

表 4-2　秦山核电站废物分类收集情况

序号	废液类别	废气类别	固体废物类别
1	含硼工艺废水	高放无氧工艺废气	废物固化体
2	非工艺废水	低放有氧工艺废气	废树脂
3	低放废水	放射性厂房通风排气	废过滤器芯
4	蒸汽发生器排污水	汽轮机厂房排气	可燃可压缩干废物
5	二回路凝结水除盐床再生水		不可燃不可压缩干废物
6	堆水取样分析残液		各种通风过滤器
7	“热”洗衣和“热”淋浴水		

（2）具备完整多样、高效可靠的处理整备技术

处理整备是核电站废物管理系统的核心，是将核电站产生的放射性物质在排放至外界环境之前截留下来的关键手段。由于处理整备设备高效可靠，核电站排放的废水和废气都是清洁的。核电站所采用的处理工艺技术及设备都经过了多次考验，只有在确认了可靠性之后才能应用到处理系统中。同时，核电站废物的处理整备技术至今仍在努力研究改进，以期将新型、先进、可靠、多样的技术应用到核电站废物管理系统中。在下文中将叙述几种主要的处理整备技术。

（3）实行以总量控制为主、浓度控制为辅的排放制度

流出物的排放是核电站废物管理系统与外部环境接口的环节，是核电站向环境排放放射性物质的关卡。核电站本身及环保部门对流出物的排放历来都给予高度重视。核电站开始运行之前都必须向生态环境部提出每年向环境排放放射性物质数量的申请，在申请得到

批准后才能运行，核电站每年向环境排放的放射性物质数量必须控制在国家环保总局规定的限值以内。所以，核电站管理部门几乎都采取严格的措施，改连续排放为槽式排放，在槽中待排放水中放射性浓度达标后才能排放，排放时还要用大量的冷却水进行稀释，将放射性排放量控制在尽量低的水平。此外也要加大管理力度，制定必须执行的排放制度，杜绝无控制的排放。大亚湾核电站就制定了排放申请制度，其步骤是：槽式排放前，运行人员通过相应的“取样分析排放申请单”向核电站内的环保部门提出排放申请，环保人员取样分析，据分析结果由授权人确定排放条件后，将申请单交安全顾问处，经审核并签署排放批准意见后由运行人员实施排放。

4.1.3 核电站废物处理和整备技术

图 4-1 为核电站“三废”处理流程示意。

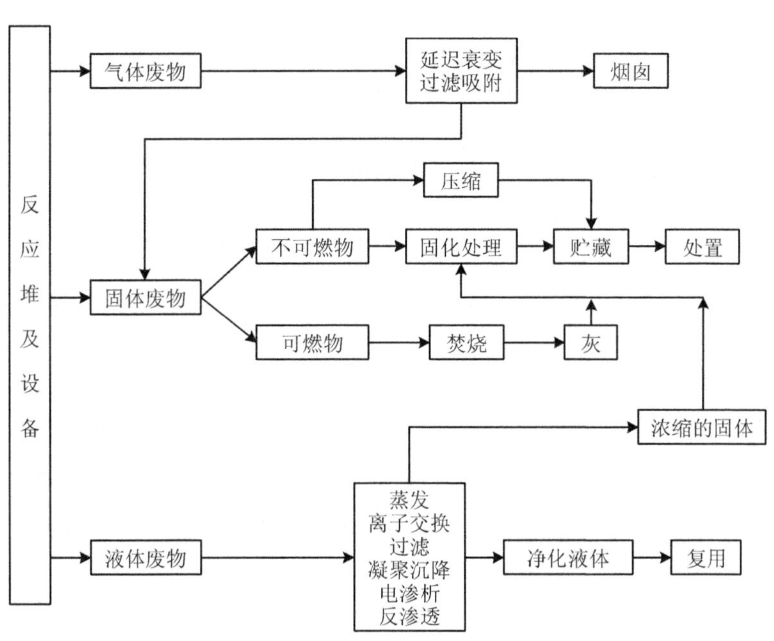

图 4-1 核电站“三废”处理流程示意

4.1.3.1 放射性废水的处理

处理放射性废水的方法有很多，对核电站废水而言，行之有效并广泛采用的方法有：

（1）贮存衰变

贮存衰变是适于短半衰期的放射性同位素的一种简便而有效的处理方法。例如，几天的贮存时间就能使除碘-129 和碘-131 以外的其他所有碘的放射性同位素衰变完。但这种方法需要大容积的贮存槽，且对于长半衰期同位素的处理效果不明显。

（2）蒸发

蒸发是一种广泛使用的有效方法。该法的放射性去污系数一般可达 1×10^3 以上。蒸发效率主要取决于二次蒸汽夹带的废水雾沫量，因此，对于易于起泡的废水，去污系数就要低些。表 4-3 中列出了蒸发各类废水时的去污系数。废水的浓缩倍数可以达到几十到几百。少量的浓缩液浓集了大量的放射性，一般都固化处理，使其易于运输和贮存。多数核电站用水泥或化学凝固剂固化蒸发后的浓缩液，即向装有浓缩液的桶中加入水泥或化学凝固剂，待其自然硬化后妥善封装，作为固体废物处理。有的核电站采用沥青或高分子聚合物固化。

表 4-3　常用离子交换树脂对不同种类废水的去污系数

废水种类	去污元素				
	碘	铯和铷	钇	钼	其他
一般废水	10^3	10^4	10^4	10^4	10^4
去污、洗涤和洗澡水	10^2	10^2	10^2	10^2	10^2
含硼废水	10^2	10^3	10^3	10^3	10^3

（3）离子交换

离子交换是一种常见的纯化水的方法。它对于去除含盐量低的废水中的放射性是十分有效的。强酸强碱型离子交换树脂对放射性碘、锶、镍、钴、铁等的去除效果较好；而对铯、铷、钼、钇等元素的去除能力稍差。表 4-4 列出了常用的离子交换树脂在不同情况下的去污系数。

表 4-4　常用离子交换树脂在不同情况下的去污系数

废水种类	阳离子	阴离子	铯和铷
反应堆冷却剂	10	10	10
冷凝液	10^3	10^3	10
化学物少的废液	10^2	10^2	1
化学物多的废液	10	10	1

吸附了放射性物质后的树脂再生效果差，长期辐照又会使树脂的交换容量显著降低，处理再生废液也是很复杂的过程，所以用于处理放射性废液的树脂大多数不再生。

（4）过滤

过滤对去除放射性是有限的，因为过滤不能去除溶解性的放射性物质，也很难去除极小的不溶的活化腐蚀产物的微粒。在废水处理系统中，过滤器往往只起辅助作用，如防止树脂碎屑的流失，以保证蒸发器和树脂床的正常运行。核电站中用于废水处理系统的过滤器是多种多样的，有砂滤器、筛网过滤器、组装滤管式过滤器等。由于组装滤管式过滤器具有效率高、过滤面积大、占地面积小等优点，所以得到了广泛的应用。

除上述 4 种处理方法外，废水处理方法还有很多，如凝聚沉淀、电渗析、反渗透等。这些方法都可处理废水，但决定废水处理工艺的主要因素是废水的水质、放射性浓度、放射性核素数量、净化要求及排放标准。

4.1.3.2 放射性废气的处理

（1）工艺废气的处理

核电站的工艺废气主要来自反应堆冷却剂系统上稳压器的卸压罐、化学及容积控制系统的容积控制罐、硼回收系统上的脱气塔、冷却剂脱气以及核岛排气。

工艺废气处理有两种方式，图 4-2 为压缩衰变贮存方式，图 4-3 为活性炭吸附衰变贮存方式。

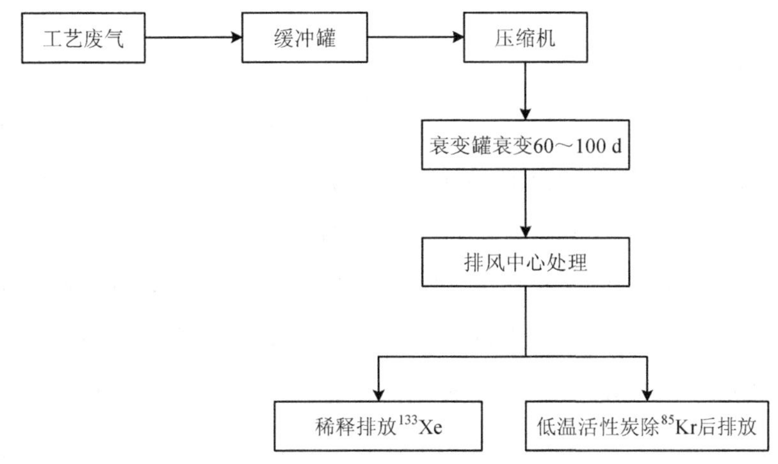

图 4-2 压缩衰变贮存方式

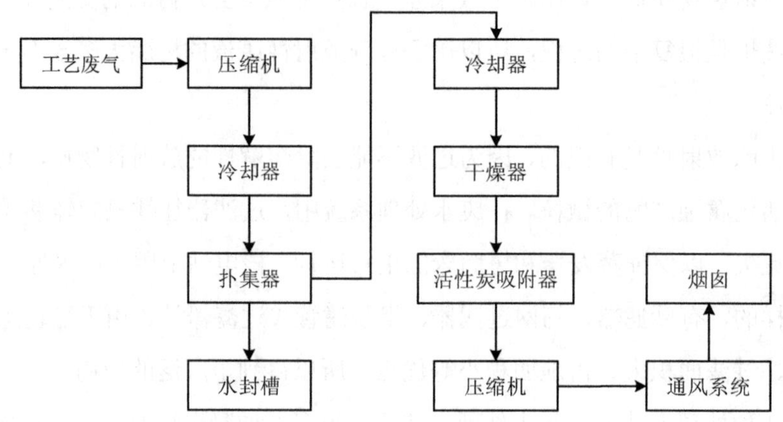

图 4-3 活性炭吸附衰变贮存方式

工艺废气在衰变罐中经 60～100 d 衰变后，废气中短寿命的氪、氙和碘的同位素已衰变掉 99.9%以上，衰变后废气中的放射性同位素主要是 ^{85}Kr 和 ^{133}Xe，一般来说，通过排风中心有控制的稀释排放是安全的，^{133}Xe 进入大气后很快就会衰变掉。处理 ^{85}Kr 比较适用的方法是用低温活性炭吸附，其流程是：先将含有 ^{85}Kr 的氢、氮混合气体中微量的氧经催化与氢生成水，除去水分后将气体降到 −170℃以下，然后通过活性炭床。活性炭在深冷条件下对惰性气体有相当大的吸附能力，对 ^{85}Kr 的吸附效率可达 99%，处理后的干净尾气排往大气。

（2）放射性厂房排风的处理

厂房通风系统中主要含有放射性气溶胶和碘，普遍采用高效过滤器除去气溶胶，用活性炭除去碘。高效过滤器通常采用玻璃纤维纸作为过滤介质，能够滤除 99.97%以上直径大于 0.3 μm 的气溶胶颗粒，活性炭对碘蒸气有很好的吸附作用，几厘米厚的活性炭层在厂房温度和湿度下，能够完全吸附空气中的碘蒸气。在放射性厂房中，部分碘以有机碘（通常是甲基碘）的形式存在，活性炭对有机碘的吸附能力差，为了改善其对有机碘的吸附性能，一般是用碘化物（KI）以及三乙撑二胺浸渍活性炭。这样，空气中待吸附的放射性有机碘与活性炭上的稳定碘发生同位素交换，从而提高了对有机碘的去除率。为了延长高效过滤器和活性炭吸附器使用时间，在它们前面都设置了预过滤器或除雾器，用以降低处理气体的湿度并滤去部分颗粒较大的杂质。

4.1.3.3 放射性固体废物的处理处置

（1）固体废物处理

对于浓缩后的泥浆、蒸残液或废树脂等湿固体废物一般采用固化的方法，对可燃废物采用焚烧法，对不可燃可压缩废物采用压缩法，对不可燃不可压缩的废物采用水泥固定法。

对湿固体废物的固化处理是将湿固体废物掺和到惰性而稳定的基材中去，废物均匀分布在基材中或被基材包裹起来。常用的基材有水泥或混凝土、沥青、聚合物和玻璃。目前，使用最多的是水泥基材，其固化工艺有多种：可在废物桶内与水泥混合，也可在管道中与水泥混合。桶内混合又可分为 3 种形式，即重力混合、翻滚及外部搅拌。截至目前，没有哪一种固化工艺被证明是集中了大多数的优点。图 4-4 给出了各种固体废物的处理流程。表 4-5 和表 4-6 列出了固化工艺和固化产品的简单评价。

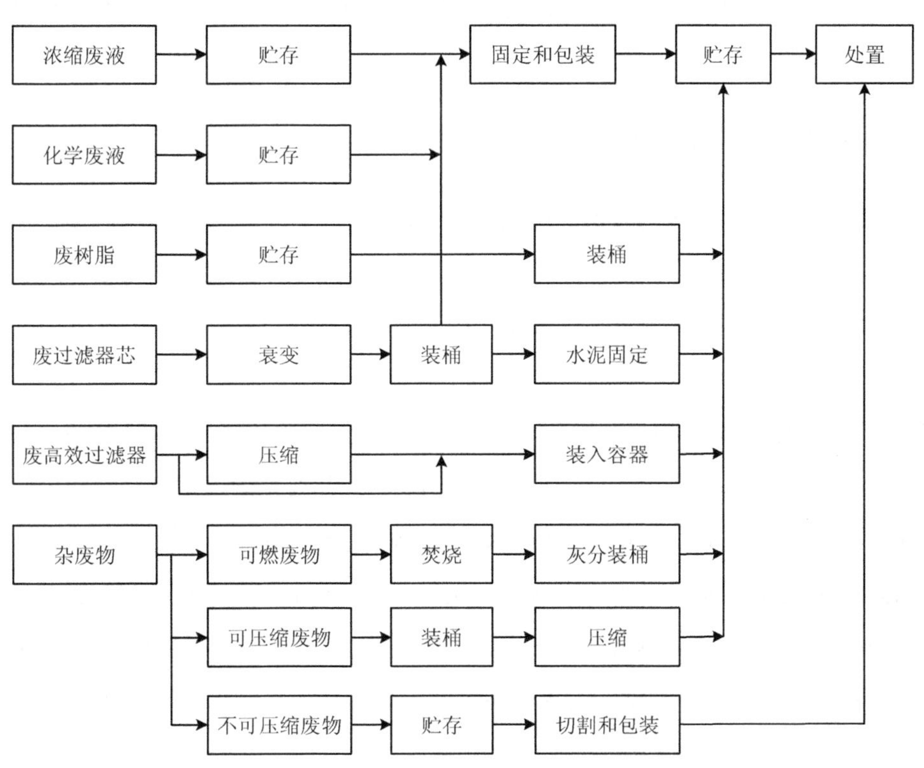

图 4-4 各种固体废物处理流程

表 4-5　压水堆核电站放射性固体废物固化工艺的评价

同化基材	设备费	运行费	安全性	设备维修	发展状况
混凝土	低	低	好	较难	工业规模
沥青	中等	中等	好	似乎不难	工业规模
聚合物	中等	低	好	较难	工业规模

表 4-6　压水堆核电站放射性固体废物固化产品的评价

同化基材	机械稳定性	化学稳定性	辐照稳定性	浸出率	包容率
混凝土	尚好	尚好	良好	高	比较低
沥青	良好	尚好	尚好	中等	中等
聚合物	良好	良好	尚好	中等	中等

（2）固体废物的最终处置

核电站产生的大多数放射性物质最后将浓集在固体废物中，其放射性水平大部分属于中、低水平，所包含的放射性要经过几百年才能衰变到无害水平，这就需要对经过整备的固体废物进行最终永久处置。

4.1.4　我国核电站废物管理经验

我国秦山核电站和大亚湾核电站已运行多年，积累了相当丰富的运行经验。在废物管理方面，大亚湾核电站一直走在前面，达到目前国内最好水平。以大亚湾核电站、秦山核电站为代表的核电站运行废物管理的成功经验初步总结如下。

（1）目标化管理

对于核电站废物最重要的三个管理指标，即气态流出物年排放总量（Bq/a）、液态流出物年排放总量（Bq/a）和固体废物包年产量（m^3/a），都要在满足国家规定的排放限值和批准的排放控制值的基础上逐年提出新的更加严格的管理目标值。

有的瞄准国际先进水平，力争进入国际先进行列；有的按照 ISO 14000 要求，追求不断改进。其中对于固体废物包年产量，国家并无硬性规定，只能折算成每标准堆年产量［m^3/（GWe·a）］相互进行比较。大亚湾核电站的先进之处是目标分解落实和具有岗位竞业精神等。

（2）优化和最少化管理

核电站建立了最优化组织并开展了最优化活动。其内容之一是不断采取新的管理和技术措施，寻求有利于废物管理的作业方式和培育符合安全文化素养的职业习惯，使良好的废物管理不仅是专职人员而且是全厂职工共同的追求。例如控制跑冒滴漏，减少废物产量；提高工作效率，控制人员进出；现场废物分类，检修过程管理；鼓励技术革新，提高工艺效能；统计跟踪分析，及时发现问题等。在许多方面都积累了有推广价值的经验。

（3）建立协调组织

“三废”管理活动涉及面广，历来采用分散管理方式，分别由运行、检修、安防、环保等多个管理部门进行管理，这给统一的废物管理带来很大的困难。大亚湾核电站建立了以厂长为首的废物管理协调组织——“三废”委员会，对核电站“三废”的产生、处理和排放进行统一协调和管理，定期开展活动：①制定并落实核电站“三废”年度管理目标及计划；②推动核电站“三废” 管理中最优化原则的执行；③研究新的管理方法；④对“三废”管理中出现的问题，进行必要的协调，以推动问题的解决；⑤总结经验并反馈。“三废”委员会的建立，有利于废物管理各环节之间步调一致，并可解决接口问题，取得了初步的经验。

（4）技术改造

核电站废物管理的改进，在技术上受到原有系统工艺设备条件的限制，只能采取谨慎态度，看准了的可以进行技术改造。秦山核电站对蒸残液水泥固化设施的技术改造就是一个成功的实例。改造后的设施解决了搅拌过程中的溅料和挂料问题，使废物桶的装填系数从小于 70%提高到 90%以上，并且搅拌器还可以长期使用。

（5）制度建设和人员培训

核电站运行人员更新很快，一批又一批的技术骨干调出去支援新的工程建设，但是核电站废物管理仍然保持高水准。这主要得益于包括管理程序文件和技术作业文件在内的制度建设和有针对性的人员培训。过去，工作主要靠某些人头脑中积存的经验，现在把这些经验变成条文，并通过反复的培训，灌输给每位职工，成为共享的工作技能和规矩。这种由人治向法治的转变是现代化企业管理所要求的。

4.2 核燃料循环设施生产过程中的废物管理

4.2.1 核燃料循环设施生产过程概述

核燃料循环设施生产过程包括铀矿冶、铀的富集、元件制造、乏燃料后处理。每个环节几乎都产生放射性废物。铀矿冶过程产生的大量放射性废物中含有铀、镭等天然放射性核素及其子体，按重量和体积，采矿和水冶占整个核工业放射性废物产生量的 98%以上。但整个核燃料循环设施生产过程产生的放射性废物，99%以上的放射性存在于核燃料后处理厂的废物中。因此，核燃料循环设施生产过程的废物管理重点在核燃料后处理厂。

4.2.2 核燃料循环设施生产过程废物的类别和数量

按废物产生地点可分为以下几类：

①采矿废物：在相当于压水堆电站产生 1 GWe/a 时（下同），产生（2.55～4.65）$\times 10^6$ t 废石和 5×10^7～10^8 m^3 浓度为 3.7×10^5 Bq/m^3 的废水。

②水冶废物：产生（0.85～1.55）$\times 10^5$ t 尾矿，其中含 Ra（1.85～3.70）$\times 10^{12}$ Bq、Th（1.85～3.70）$\times 10^{12}$ Bq、U 50 t。

③转化（湿法）废物：产生（1～2）$\times 10^3$ m^3 低放废液，其中含 ^{226}Ra（1.85～3.70）$\times 10^8$ Bq、^{230}Th（7.4～14.8）$\times 10^7$ Bq、U（2.22～5.55）$\times 10^9$ Bq。

④浓缩废物：产生浓度为 3.7×10^3 Bq/m^3、含 U 总量为 10 kg。

⑤UO2 元件制造废物：产生低放固体废物 20 m^3，含 U 总量为 200 kg。

⑥后处理厂运行废物：后处理厂是核核燃料循环设施生产过程产生废物种类最多、放射性水平最高的地点，固、液、气和高、中、低废物都有。表 4-7 给出了后处理厂废物（PUREX）流程后处理厂废物的种类及数量。

表 4-7　PUREX 流程后处理厂废物的种类和数量

废物类别	废物数量
高放废物	175 m^3，浓缩后 13 m^3，1.85×10^{18} Bq（1 年后）
脱壳废物	12 m^3，2.59×10^{16} Bq（1 年后）
中放废物	废液 3.7×（10^{11}～10^{12}）Bq/m^3，30～3 000 m^3，有机废液 0.5 m^3（3.7×10^{11} Bq），固体废物（沸石等）2 m^3
α废物	废液 80 m^3，浓缩后 2 m^3，可燃固体废物 20 m^3（含 Pu 2 kg）
低放废物	废液 1 300 m^3，固体废物 50 m^3

4.2.3 核燃料循环设施废物管理概况

4.2.3.1 管理方法

对于核燃料循环设施生产各环节产生的废物，最基本的管理方法有二，即稀释分散和浓集隔离。但对废气、废液和固体废物及其各种放射性水平的废物，具体治理方法是不同的。图 4-5 列出了实践中各种废物的管理方法。

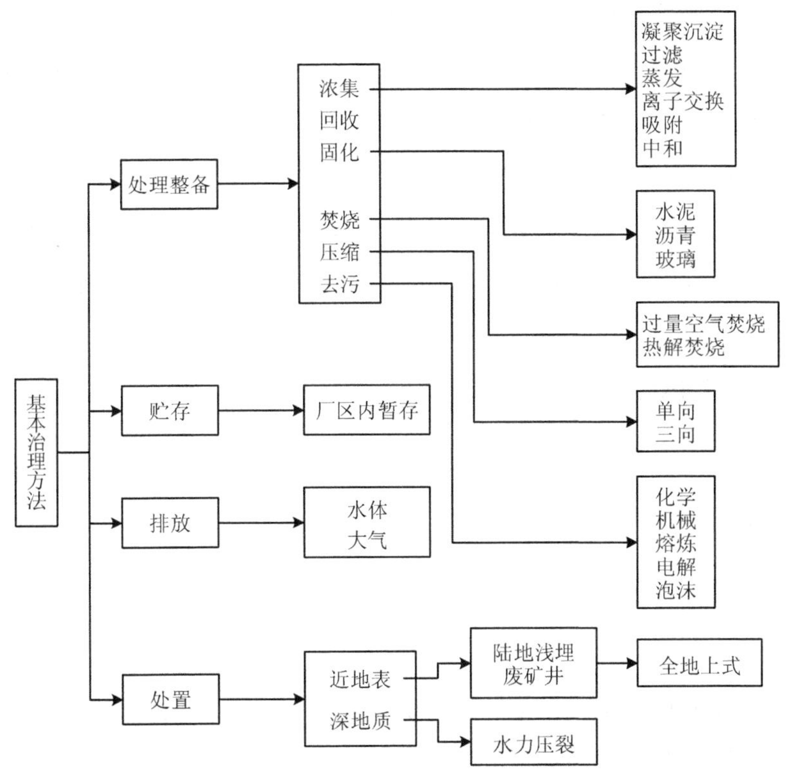

图 4-5 各种废物的治理方法

4.2.3.2 废物管理概况

（1）重视放射性废物管理，满足核燃料循环设施生产要求

我国在核燃料循环设施发展伊始就非常重视放射性废物管理，在核燃料循环设施生产的各个环节都建立了必要的废物处理设施，对废气、废液和固体废物进行严格的净化和排放控制，配合生产运行和适应环境保护的需要，从而保证了核燃料循环设施生产中各种设施的安全运行，满足了核燃料循环设施生产的迫切要求。

（2）重点开发后处理厂废物治理技术

由于历史的原因，后处理厂的放射性废物尚未得到根本治理，主要表现在处理低放废液产生的泥浆和蒸残液、包括废有机相在内的大量中放废液和高放废液以及固体废物仍在贮罐或暂存库中存放，液体废物待固化处理；在完成最终处置之前这些废物始终是威胁环境和公众安全的潜在污染源。因此，我国在 20 多年前就陆续开展了废物固化技术的开发，目前已有几项实用技术开发成功。

（3）对遗留问题采取补救行动并吸取教训

初期，由于废物管理认识的局限性，使得许多工厂的固体废物暂存库中的废物没有整备或没有分类贮存，给回取、分拣造成困难。这种情况已引起有关部门的重视，并组织开展回取方法、回取机械的研究，力图尽快解决废物暂存库的遗留问题。在设计建造新的暂存库时吸取初期的教训，严格做到分类包装、分类贮存，易于回取；应吸取教训的另一个问题是，在设计核设施时就必须考虑退役的因素，天然蒸发池就是一例。

4.3 核设施废物处理实例

4.3.1 核电站废物处理实例

4.3.1.1 大亚湾核电站废水处理系统

（1）系统的功能

用于贮存、监测和处理从反应堆冷却剂系统来的不能复用的废液。

（2）待处理废水的来源

主要来源是核岛疏水系统收集到的废水。其他来源有：①废液排放系统不合格返回液。②常规岛废液贮存和排放系统的不合格返回液。③热洗衣房废水。④硼回收系统废水。⑤固体废物处理系统的废水。按化学物质含量，分成三类：一是工艺废水（化学物质含量低的放射性废水）；二是化学废水（化学物质含量高的放射性废水）；三是地面废水（含有各种化学成分的低放射性废水）。

这 3 类废水可根据表 4-8 分别选择除盐、蒸发或过滤流程进行处理。流程参看图 4-6、图 4-7、图 4-8。

表 4-8　放射性废水处理方法选择准则

化学物质含量	放射性比活度/（Bq/m^3）	
	＜1.85×10^7	＞1.85×10^7
低	过滤	除盐
高	过滤	蒸发

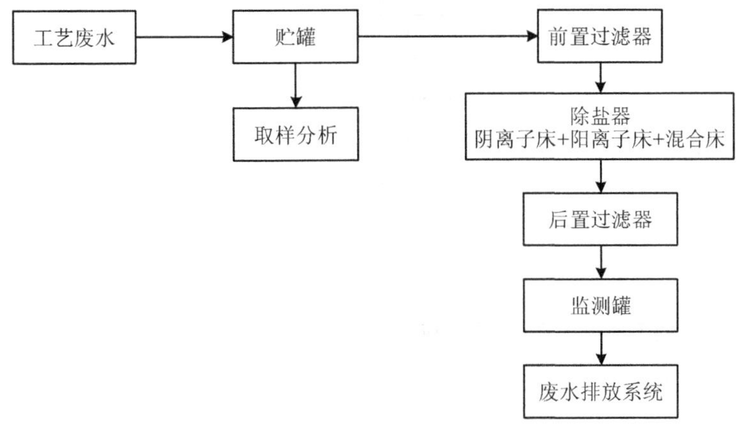

图 4-6　工艺废水处理流程

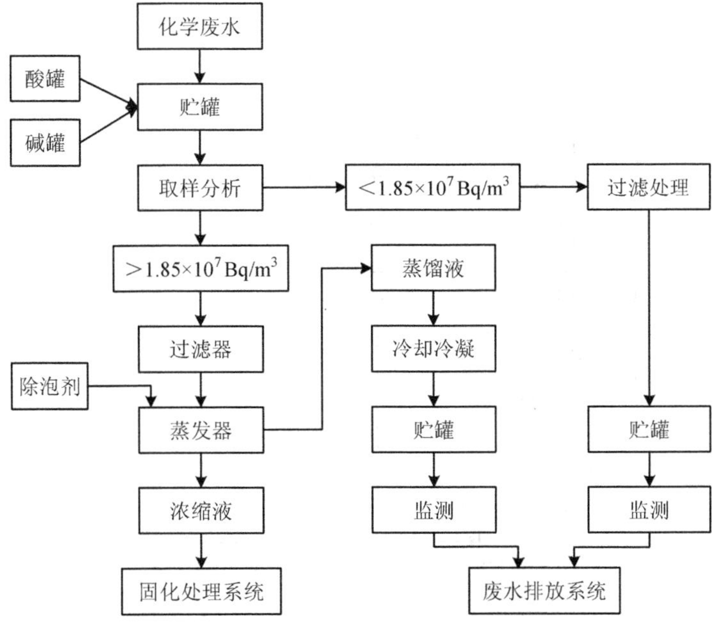

图 4-7　化学废水处理流程

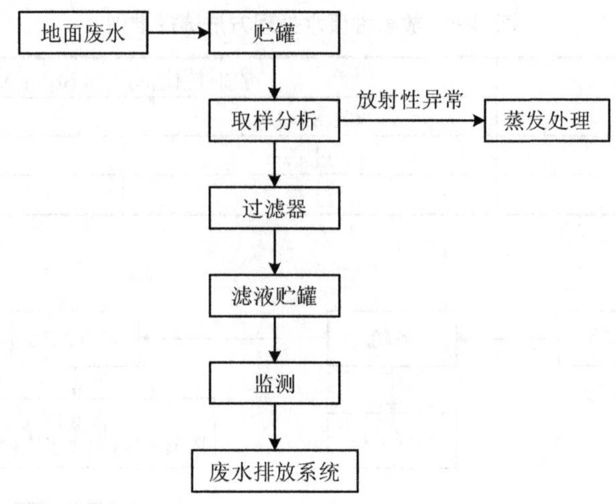

图 4-8　地面废水处理流程

4.3.1.2　M310 系列核电站废气处理系统

（1）工艺废气处理

M310 系列核电站工艺废气主要来源于一回路冷却剂系统的稳压器卸压罐、化学和容积控制系统的容积控制罐、反应堆冷却剂的疏水罐、硼回收系统的脱气塔和反应堆冷却剂的脱气。处理流程如图 4-9 所示。

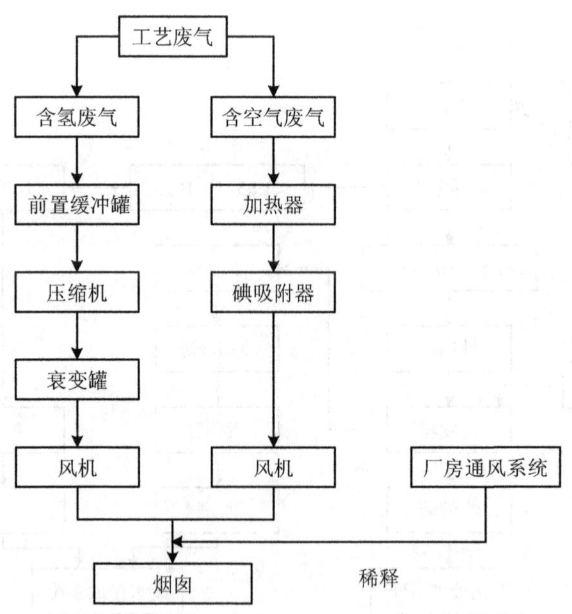

图 4-9　大亚湾核电站工艺废气处理流程

（2）厂房通风系统废气处理

核电站厂房通风系统主要有 8 个，分布在反应堆厂房、核辅助厂房和核燃料厂房。其作用是：①控制气流方向。②保持负压，减少泄漏。③处理污染空气，保持工作环境安全。④减少气载放射性的排放量。每个系统都设置了各种形式的过滤器或碘吸附器，其性能列于表 4-9。处理流程如图 4-10 所示。

表 4-9　过滤器性能

过滤器名称	作用	效率/%	备注
进气预过滤器	除漂尘	85	
排气预过滤器	除粗颗粒	85	
高效过滤器	除细颗粒	95	
高效颗粒过滤器	除极细颗粒	2 000*	
放射性碘过滤器	除碘	5 000*	KI 浸渍活性炭

注：*去污因子。

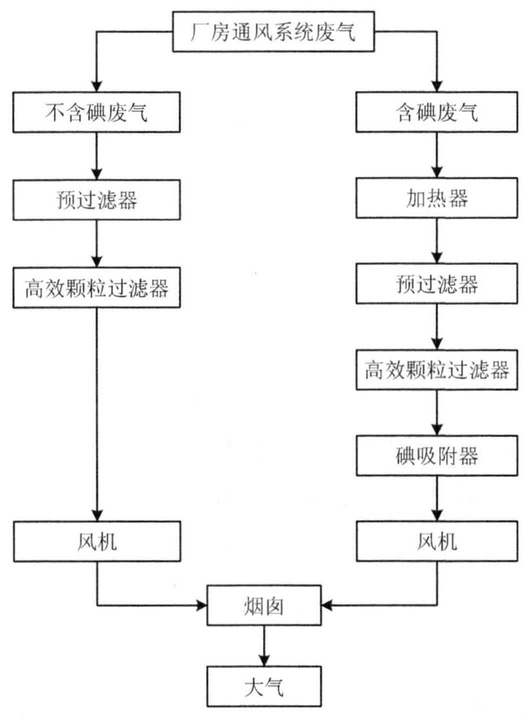

图 4-10　核电站厂房通风系统废气处理流程

4.3.2 后处理厂废水处理实例

4.3.2.1 废水分类、来源和性质

后处理厂废水分为工艺废水和非工艺废水两大类。

（1）工艺废水

工艺废水是在核燃料元件后处理过程中产生的，按比活度分成高放废水、中放废水、低放废水三类。

1）高放废水

来源于铀钚同时萃取时，有 99.8%的裂变产物留在水相（高放废液 1AW），处理 1 t 天然铀元件可产生 4 m^3 的高放废水，此高放废水在主工艺车间进行蒸发浓缩，二次冷凝液送中放蒸发器，浓缩液贮存。

2）中放废水

在钚的二循环过程中，Pu^{4+}进入有机相，裂变产物留在水相（中放废液 2AW），萃余水相成为中放废水；在铀的二循环过程中 UO_2 进入有机相，裂变产物留在水相（中放废液 1DW），萃余水相成为中放废水。

上述两种中放废水送中放蒸发器，二次冷凝液进低放蒸发器，浓缩液贮存。

3）低放废水

①去壳溶液；

②铀净化过程蒸发器的二次冷凝液。

4）有机废液

①U、Pu 分离过程中水相反萃 UO_2 后的有机相；

②Pu 二循环过程中水相反萃 Pu^{4+}后的有机相；

③U 二循环过程中水相反萃 UO_2 后的有机相。

由于后处理工艺流程已定，所以上述四种废水成分基本固定，工艺废水特点是量小、比活度高。工艺废水的来源如图 4-11 所示。

（2）非工艺废水

非工艺废水包括设备去污清洗废水、冲洗地面废水、洗衣房和淋浴废水、实验室废水、下雨后的渗漏水及事故排水。这类废水量大、比活度低，成分复杂且不固定。

通常，处理 1 t 铝壳元件产生 200～250 m^3 各种不同比活度的废水，其中，工艺废水为

64～74 m^3（高放废水体积 1～4 m^3、中放废水体积 5～20 m^3、低放废水体积 40～50 m^3）。

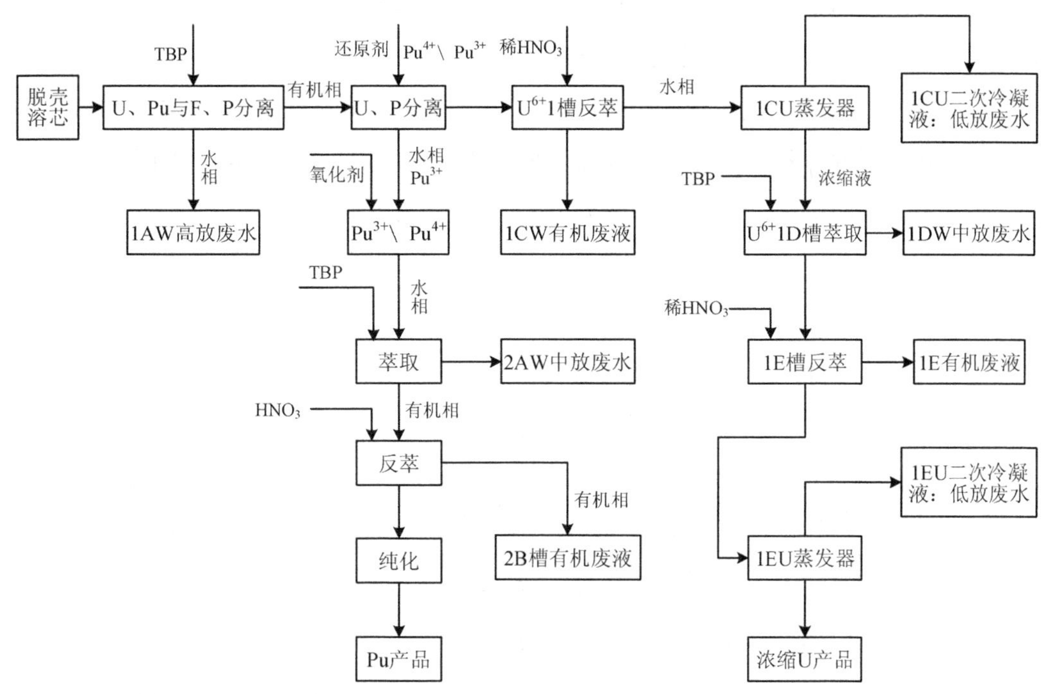

图 4-11　工艺废水的来源

4.3.2.2　各类废水的处理方法

（1）高放废水的处理

高放废水采用蒸发浓缩、甲醛脱硝的工艺流程。先蒸发浓缩，蒸残液送不锈钢大罐贮存，等待玻璃固化；二次蒸汽冷凝液送中放蒸发器处理。

（2）中放废水的处理

中放废水处理流程与高放废水基本相同，但其蒸残液用碱或碱性蒸残液中和后送碳钢衬胶大罐贮存，等待固化或水力压裂处置。二次蒸汽冷凝液送低放蒸发器处理。

（3）有机废液的处理

先通过碱洗使废液比活度小于 1.85×10^7 Bq/L，然后送蒸馏塔，真空急骤蒸馏，以回收有机相，残液送大罐贮存。一般情况下，净化系数为 100，有机相回收率为 80%～85%。

（4）低放废水的处理

1）低放废水水质

低放废水包括比活度小于 3.7×10^5 Bq/L 的工艺废水和非工艺废水，即地面冲洗水、洗衣房废水及渗漏水等，比活度约为 1.85×10^6 Bq/L。

废水成分：^{90}Sr 占总活度的 5%～20%；^{137}Cs 占 10%～40%；^{95}Zr 和 ^{95}Nb 占 3%；^{106}Ru 占 5%～16%；其余 γ 核素占 10%～40%。非放射性组分有 Na^+、NO_3^-、CO_3^{2-}、OH^-、石油磺酸及少量有机相和洗衣粉，pH 为 7～13，含盐量为 1～3 g/L。

2）处理流程

处理流程如图 4-12 所示。

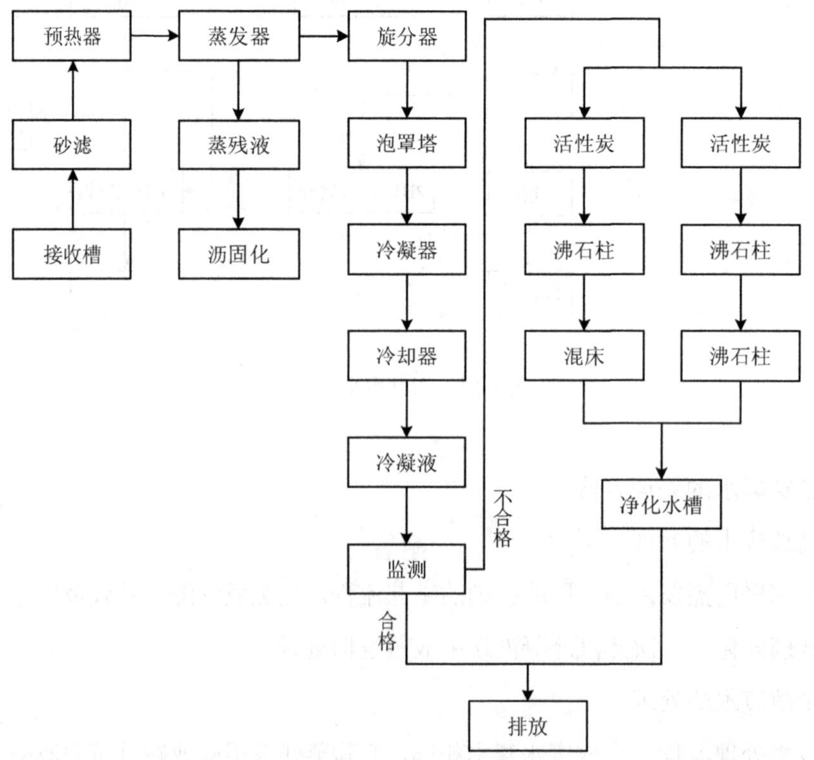

图 4-12　低放废水处理流程

3）处理效果

后处理厂低放废水处理运行实践表明，该处理流程是有效的，在原废水比活度为 $3.7\times(10^5\sim10^6)$ Bq/L 时，处理后水比活度小于 37 Bq/L，总净化系数为 2×10^5 左右。其中蒸发

器的净化系数为 10^4，蒸发器处理量为 6.8 m^3/h，蒸发强度为 2 160 kg/（$m^2 \cdot h$），泡罩塔用去离子水喷淋，喷淋量是处理量的 10%，蒸发时加入聚氧乙烯、聚氧丙烯、甘油醚作为消泡剂，加入量为处理量的万分之一；二次蒸汽经旋风分离器、泡罩塔净化，再经冷凝、冷却后监测，如果比活度小于 37 Bq/L，可排放；如果大于 37 Bq/L，则进行离子交换处理。

4.4 废物管理设施的安全

为了保证废物管理设施的安全，通常都是从学习反应堆安全经验入手，结合各类废物管理设施的实际情况，系统地研究有关安全设计和安全运行的问题，制定适用的安全原则和安全措施。这样做将使废物管理设施能够安全、可靠、高效地运行，大大降低事故发生率，并在万一发生事故时降低事故后果的严重程度。

4.4.1 废物焚烧装置的安全

焚烧工艺处理可燃放射性废物可获得较大的减容效果。目前国内已开发成功的多用途热解焚烧装置，既可焚烧塑料、橡胶、树脂等固体废物，又可焚烧废油。

在该装置的设计中考虑：①放射性物质的包容（密封隔离和保持负压）。②防火防爆。③系统防腐蚀。④检修的方便性和安全性。⑤冗余和备用。⑥应急系统。⑦测控及电气安全。在该装置的安全运行中考虑：①各岗位的信息识别、判断和处理措施。②安全管理制度。③人员培训。

4.4.2 近地表处置场的安全

针对我国广东北龙处置场和西北处置场在选址、设计、建造和安全评价中积累的经验，提出了低、中放废物浅埋处置的若干技术安全原则：①选址准则。②工程屏障与地质屏障互补原则。③处置工程与邻近的其他工程互相影响评价。④废物包接收准则。⑤工程构筑物设计安全准则与工程寿期。⑥废物包堆放的安全要求。⑦顶部覆盖层的多重屏障设计准则。⑧多重防排水系统设计准则。⑨回填和覆盖材料的选择。⑩屏障效能的可检查性原则。⑪监护期的设置及可维修性原则等。由于遵循了上述准则，废物处置的安全性得以保证。

4.5 核设施放射性废物管理发展趋势

放射性废物管理工作，无论就其规模、管理经验、技术成熟程度和开发能力来说，主要都集中在核设施内。核设施放射性废物管理的发展趋势对其他放射性废物管理工作具有带动和启发作用。

（1）地区性统一管理

随着一址多堆核电站的出现，目前已开始从地区性统一的角度考虑废物管理问题。有些废物管理设施可以共用（如固体废物暂存库、超级压缩机）；有些设施可以考虑采用流动式装置（如低放废物固化装置）；由于废物总量增加，有些原来在经济上不合算的处理方案将获得竞争力（如可燃废物焚烧）。这一趋势甚至有可能扩展到在更大的区域范围内的合作，这将有效地促进资源的合理利用。

（2）新技术的采用

管理范围和规模的扩大也为采用新技术铺平了道路。原有一些没有解决或解决得不好的问题（如废树脂的处理和整备）可望采用新技术加以解决；人们将乐于采用高效能、低成本、安全可靠的技术来代替原有技术（如现行显著增容的水泥固化技术可望被淘汰），或对原有设施进行更新改造。新技术的采用将提高劳动生产率，降低职业照射水平，减少废物产量，改进废物“产品”的质量，使之更符合废物安全处置的要求。

（3）彻底解决低、中放废物处置问题

随着低放废物处置场陆续建成投入运行，核电厂的固体废物将可以及时送处置场，就地暂存时间将大大缩短，包括废物处置在内的废物管理全过程的优化分析也将要启动，厂内外相结合的质保体系将要形成。这对于全面实现废物管理的安全和经济指标是十分有利的。

（4）科技成果的工程应用

我国不缺少废物管理领域的科技成果，但缺少科技成果转化为工程应用的机制。这里存在两个主要问题：目前的投资体制难以有效地支持技术开发，即进行必要的中间试验、工程规模试验或现场验证，已经形成生产力的实用技术缺少再开发机制；信息交流渠道不畅通，知识产权的保护不落实，妨碍其推广使用和提高水平。最近中核集团公司在国防科工委的支持下，正在退役工程专项中尝试采用科研院所、设计院和核工厂三结合的方式，利用工程前期费用进行有针对性的去污技术开发，以满足工程应用的需要。

随着放射性废物管理的一般性技术问题的解决，将逐渐突出难点问题，如高放废液固化与包装、α废物处理与整备、高放和α废物的贮存和处置、退役和环境整治中的某些问题，此时组织科技攻关显得尤为必要。“科技兴核”的思想对于放射性废物管理同样也是适用的。

（5）国产化和产业化

放射性废物管理设施是核电站和核工厂中比较容易实现国产化的一部分，这已经为秦山核电站的经验所证明。走国产化道路既包括国内自主开发技术与产品，也包括从国外引进技术和产品，然后通过消化和吸收使其国产化。两者均要求有较高的起点，当前迫切需要有一个切实可行的国产化计划。

国产化的目标是实现产业化。放射性“三废”治理产业既是核工业产业的重要组成部分，又是与辐射环境保护密切相关的带有社会公益性质的一种产业。尽管它属于“非主导型”产业，仍然必须作为一个产业来发展。不能满足于各单位各部门自己解决自己的问题，“自给自足”，搞低水平重复。产业化应以市场为先导。我国放射性“三废”治理存在着产业化的前景和机遇。核电站的“三废”治理由于经受瞄准国际水平的压力，加之有技术引进和消化机制，又有自主开发能力（包括委托国内其他单位开发），因此它所掌握的技术是比较先进的。它的技术可以向军工部门和核技术应用单位扩散。核军工部门的“三废”治理由于面临解决遗留问题的压力和更新技术的需要，又存在较强的技术开发能力，它的技术也可以向核电站和核技术应用单位扩散。核技术应用单位也可以搞少量技术开发，但受资金和专业人才的限制，主要应从国内市场上购得技术或装置。它所需要的装置一般都是小型化的。国内市场的形成也有赖于核和非核领域之间的交流。

第5章 铀矿开采矿冶废物管理

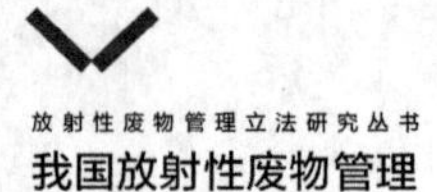

5.1 铀矿开采废物管理

5.1.1 我国铀矿开采废物简介

铀矿普查勘探是核工业的基础。我国的铀矿普查勘探工作始于 20 世纪 50 年代，40 多年来已普查勘探了除西藏、台湾以外的所有省份，为核工业提供了工业铀储量。但在普查勘探的同时也产生了各种废物，粗略统计，在铀矿普查勘探过程共产生废（矿）石 1 500 万 t，约 1 200 万 m^3，其中，堆放于地表的副产矿石，其品位在 0.01%左右，挖掘的坑（井）口有 1 万余个。

5.1.2 铀矿开采废物特点

①零散，分布范围广。我国基本上属于贫铀国家，且铀矿床分布广，凡普查勘探过的地方几乎都有废（矿）石产生，都留有废弃的坑道、钻井、探槽。有些规模较小，有的处在边远地区，易被遗忘。

②勘探后的坑（井）口和废（矿）石处于开放状态。其后果是氡气外逸，矿井水外流，造成对周围农田、水源的污染；废（矿）石堆表面氡析出率大多数高于 0.74 Bq/（m^2·s），γ 辐射剂量率为 9.8×10^{-8}～497.8×10^{-8} Gy/h，大部分超过当地本底值；开放的坑（井）口还存在误入和坠落等不安全因素。

③废（矿）石在勘探工程出口处就地堆放。这种堆放方式的后果是对周围环境造成负面影响，可能污染附近的居民点、水体、旅游景点，还有可能由于雨水冲刷流失而掩埋农田、草场或道路，对当地的生态环境和居民生产、生活形成威胁。由此引发的纠纷也时有发生。

5.1.3 铀矿开采废物管理目标

针对铀地勘废物特点，铀地勘废物管理的目标是：①防止氡气外逸，包括开放的坑（井）口氡气外逸和废（矿）石堆表面氡析出，使氡析出率低于 0.74 Bq/（m^2·s），尽可能合理地降低公众辐射剂量。②防止废（矿）石堆被雨水冲刷流失造成污染扩散，要还田于民，恢复自然生态环境。③消除不安全因素，防止人、畜、车等因误入或坠入开放的坑（井）口而造成的意外事故发生。

5.1.4 铀矿开采废物治理技术

（1）回填

当铀矿地质废渣的放射性比活度大于 7.4×10^4 Bq/kg 时，应尽可能回填处置。

（2）浅埋覆盖

当铀矿地质废渣（石）的放射性比活度小于 7.4×10^4 Bq/kg 时，建坝稳定存放或就地浅埋，然后用黄土覆盖植被。浅埋地点必须选择在距居民区和水源较远、不易被雨水冲刷和地下水不发育的地方。对于井探和浅井探工程，首先进行回填，然后进行黄土覆盖、植被绿化、恢复自然面貌。覆盖厚度与渣堆氡析出率的参数有直接关系，根据式（5-1）求得 η 值后再由表 5-1 得出黄土覆盖厚度。

$$\eta=\frac{\mathrm{AE}-0.74}{\mathrm{AE}}\times100\% \tag{5-1}$$

式中，η——氡析出率下降至 0.74 Bq/（$m^2\cdot s$）所产生的相对下降效率，%；

AE——废（矿）石堆表面氡析出率的实测值，Bq/（$m^2\cdot s$）；

0.74 Bq/（$m^2\cdot s$）——国家标准中对氡析出率的最高限值。

表 5-1 氡析出率下降效率与黄土覆盖厚度对照表

η /%	54.9	77.9	87.3	92.1	94.8	97.6
黄土覆盖厚度/m	0.2	0.6	0.7	0.9	1.2	1.6

在进行黄土覆盖时，应边覆盖边夯实。为了防止水土流失，对黄土覆盖后的废（矿）石堆还需进行植被绿化。

（3）回收

有些副产矿石品位较高需回收其中的金属铀时，可采用简单易行的堆浸方法处理。但要采取措施防止造成二次污染，堆浸所产生的废渣视其比活度进行回填或浅埋处置。

（4）封堵

由于开放的坑（井）口有氡气外逸及造成伤亡事故的隐患，必须采用封堵技术。地勘坑道分为两类：无水坑道和有水坑道。对于无水坑道，可在距坑（井）口 5～10 m 处，砌筑水泥砂石抹面墙，墙的厚度为 1～3 m，封堵墙的断面要大于坑道断面，一般情况下，都要嵌入 0.3 m。然后炸塌最外面的坑（井）口；对有水坑道都采取双层或三层封堵工艺，即在距坑（井）口 15 m 左右处安装导水管，依次砌筑挡水墙、密封墙和封堵墙，在砌筑密封墙时将导水管拆除并密封导水孔。最后炸塌外面坑（井）口。

（5）废水处理

铀矿地勘过程的废水来源于钻探操作，还有小部分来自铀矿分析实验室。这些废水通常用沉淀法进行处理。

（6）废气处理

铀矿地勘过程的废气主要来自挖掘、凿岩、钻探等操作，其中含有铀尘、氡及氡子体、α 气溶胶等有害物质。

5.2 铀矿冶废物管理

铀矿冶作为核燃料循环的首端，其废物管理有着特殊的意义，从表 5-2 可以看出铀矿冶系统所产生的环境辐射影响远远大于其他系统。因此，对铀矿冶系统的废物进行妥善治理，将大大改善辐射环境质量。

表 5-2 各系统的环境辐射影响

系统	集体剂量当量/（人·Sv）	份额/%
铀矿冶	1.93×10^{1}	91.5
元件制造	1.04×10^{0}	5.2
同位素分离	5.26×10^{-2}	0.3
反应堆、后处理	6.47×10^{-1}	3.0
合计	2.10×10^{1}	100

5.2.1 铀矿冶废物概述

5.2.1.1 铀矿山废物

（1）铀矿固体废物

铀矿山的固体废物主要是废石，来源于：①露天剥离的废石，露天开采 1 t 铀矿石，产生 4～8 t 废石。②地下采掘的废石，地下开采 1 t 铀矿石，产生 0.5～1.2 t 废石。③选矿厂的废石，选矿厂的废石率为 15%～30%。目前，我国铀矿山废石积存量为 28×10^{6} t，占

地面积 2.5×10^6 m^2。

（2）铀矿废水

铀矿采掘过程的废水，一般都是低放废水。来源于：①地下采矿废水，主要是矿体涌水、矿脉裂隙水、地表渗漏水、湿法采矿的凿岩水、洗壁水、除尘降温水等，这些水与矿石接触，通过淋滤、溶解，形成了铀矿废水，采出 1 t 铀矿石，产生 4～10 m^3 废水。②露天采矿废水，主要是矿体渗流水、凿岩水、雨淋水等。③矿石堆放废水，矿石受雨淋、喷雾洒水的浸渍形成的废水。④冲洗车辆废水，冲洗 1 台运矿车，一次产生 0.7～1.5 m^3 废水。⑤废石场废水，废石场堆放时受雨水浸蚀形成的废水。

（3）气载废物

铀矿山的气载废物主要是铀矿尘和含氡及氡子体的废气，前者来自开采过程的凿岩、爆破、放矿、矿石运输和装卸；后者来自铀矿内部的扩散。

5.2.1.2 水冶厂废物

（1）水冶固体废物

铀水冶厂的固体废物主要是尾砂。处理 1 t 矿石将产生 1.1～1.2 t 尾砂。一般地，湿法浸取铀矿石的浸出率为 95%，5%的铀仍残留在尾砂中，1 g 尾砂含铀（0.8～2）$\times10^{-4}$ g；尾砂中含镭量占原矿石含镭量的 95%以上，1 kg 砂放射性为 2～12 kBq；1 kg 砂总 α 比活度为 74～380 Bq，均比正常土壤中的天然本底高 2～10 倍；尾砂氡析出率为 0.5～3.3 Bq/（m$^2\cdot$s）；尾矿库空气中氡浓度为（22.4～185）$\times10^{-3}$ Bq/L，比天然本底高 3～15 倍；尾砂表面 γ 剂量率为（100～300）$\times10^{-8}$ Gy/h，比天然本底高 20 多倍。铀尾砂属于低放射性固体废物。铀尾矿库由于积存大量的尾砂，是重要的污染源，通过渗流对附近土壤、农作物、水体及水产品造成污染，通过吸入和食入途径，对居民造成很大的影响。

（2）水冶废水

处理 1 t 铀矿石排放 6～8 t 废水，其中工艺废水 4～5 t。废水中的放射性，镭为 4～20 Bq/L，占 70%；铀 0.5～2 mg，还有 ^{210}Pb、^{210}Po 等，共占 30%。α 比活度约 20 Bq/L。非放离子主要有 NO_3^-、SO_4^{2-}、Mn^{2+}、氨氮等。水冶厂内的中心实验室、洗衣房、淋浴间等也会排出放射性较低的废水。这些废水对土壤和水体都会造成一定的影响。

（3）气载废物

水冶厂的气载废物来源于铀矿石加工过程产生的废气和尾矿库释放的气体。废气中含有铀尘、氡及氡子体、α 气溶胶及其他有害物质。这些气载废物中 ^{222}Rn 的影响最大，水冶厂附近关键居民组吸入 ^{222}Rn 所致内照剂量占总剂量的 78%，吸入 ^{238}U+^{234}U 占 12%，食入 ^{226}Ra 或 ^{210}Pb 占 10%。

5.2.2 铀矿冶废物处理方法

5.2.2.1 固体废物的处理

铀矿山和水冶厂的固体废物主要是废石和尾砂，处理方法通常为回填和覆盖。

铀矿山开采期间的废石治理包括以下几方面。

①设立永久废石场。其容量应据矿山生产采掘出来的废石总量来确定。永久废石场要求选择在安全可靠且为山沟或平地处，以尽量减小污染范围。

废石场设在山沟里时，应在下方建挡土墙、拦石坝、防洪沟和排水沟，防止雨水冲刷流入江河；废石场建在平地上时，应在四周砌筑挡土墙，挖设排水沟，防止污染农田。

②利用废石回填井下采空区。铀矿石采用充填法采矿，可以返回 60%～80%的废石充填井下洞室、废弃巷道和采空区，减少地面废石堆积量。

③回收废石中的铀金属。通常采用堆浸的方法回收铀金属。一般用 2%～5%的硫酸连续均匀地喷淋在废石表面上，经过几个月的时间，将铀从废石中淋浸出来，既回收了铀金属又降低了放射性，达到了治理的目的。

5.2.2.2 废水的处理

铀矿冶废水的特点是含铀、镭等天然放射性核素，半衰期长、比活度低，属低放废水，但排放量较大。铀矿井产生的废水成分比较简单，除铀镭及巷道内的固体颗粒外，不含其他杂质；水冶厂废水除上述污染物外，还有其他有害物质，见表 5-3。

表 5-3 水冶厂废水中有害成分情况 单位：g/L

有害成分	含量	有害成分	含量
铀	（1～5）$\times10^{-5}$	Ca	0.8～1
镭	（1～3）$\times10^{-11}$	SO_4^{2-}	1.5～2
Mn^{2+}	0.02～0.1	NO_3^-	0.5～1
Mg^{2+}	0.05～1	NH_4^+	0.04～0.06

废水处理方法主要有：

（1）石灰沉淀法

采用石灰沉淀法处理铀矿井废水的机理除化学沉淀作用外，更重要的是借助载体共沉淀的作用，把铀从废水中分离出来，除铀效率为 85%左右，水解生成物 $Ca(OH)_2$ 还能把废水中的镭除掉一部分。用该法处理水冶厂废水的主要作用是中和，因为酸法水冶产生的废水呈酸性，pH 为 5～6，加入石灰乳将 pH 调至 7～8，使有害物质沉淀下来，中和前后水质变化如表 5-4 所示。

表 5-4　石灰沉淀法中和前后水质变化　　单位：mg/L

有害物质	中和前	中和后	有害物质	中和前	中和后
铀	2 Bq/L	0.5 Bq/L	H_2SO_4	30	2.1
镭	11 Bq/L	4 Bq/L	Fe	3 000	0.1
Mn^{2+}	5 000	6	Al	1 500	微量
Ca^{2+}	400	820	pH		8
Mg^{2+}	500	140			

表 5-4 说明了石灰中和后除钙增加外，其他有害物质浓度均有不同程度的降低，去除效率为 60%～80%。

（2）离子交换法

当离子交换树脂与废水接触时，通过离子交换作用，将废水中的放射性离子转移到离子交换树脂上去，从而达到净化废水的目的。主要采用阴离子交换树脂，其特点是吸附容量大、容易再生、机械性能好、价格便宜等，因此应用广泛。除铀效果为 90%～95%。

（3）吸附法

吸附法处理铀矿冶废水是利用多孔固体吸附剂的表面力，使有害物质附着在吸附剂的表面上。吸附剂的种类有很多，天然无机吸附剂有天然沸石、蛭石、海泡石、高岭石等；人造无机吸附剂有 Al_2O_3、Fe_2O_3、MnO_2 等氧化剂，硅胶、合成沸石等；天然有机吸附剂有磺化煤、活性炭等。用软锰矿吸附废水中的镭，当软锰矿的粒度为 0.5～2 mm、接触时间为 10 min 时，镭的去除率约为 67%。

（4）重晶石除镭

铀矿石经水冶后，矿石中的镭有 0.7%进入废水，镭浓度为 4～20 Bq/L，比天然本底高 30～160 倍。用重晶石除镭有非常好的效果。其机理是 Ra^{2+} 与 Ba^{2+} 发生置换反应。废水流过重晶石床达 10 000 个床体积后除镭效果为 99%，见表 5-5。

表 5-5　重晶石除镭效果

废水	试剂	加入量/（g/L）	Ra/（Bq/L）		除镭效果/%
			处理前	处理后	
中性	$BaSO_4$	0.3	37	11	70
	$BaCO_3$	0.03	173	11	91
酸性	$BaSO_4$	0.1	55	7	87
	$BaCO_3$	0.1	55	4	93

（5）尾矿水复用

在缺水地区和水源距用水点远的地方，废水复用非常必要，既节省能源又减少废水排放量。尾矿水澄清后进入回水井，溢出水再经处理后返回水冶厂使用，复用率为 40%～50%。

5.2.2.3　废气的处理

废气中含有铀尘、氡及氡子体、α 气溶胶及其他有害气体，处理的主要方法是防氡和降尘。

（1）通风

铀矿井通风方式有 3 种：压入式、抽出式、抽压混合式。通常采用连续通风，排出有害气体。若采用间歇式机械通风，则应在工作前半小时启动主扇风机，稀释并排出炮烟、粉尘和聚积的氡及其子体；水冶厂的通风是在矿石破碎、筛分、煅烧等工段空气中含有大量铀尘的地方进行的，为避免有尘飞扬，在局部发尘源采用机械通风，排风设备开口处风速不小于 0.5 m/s。为防止铀尘外逸，水冶厂必须有良好的机械通风设施，合理地组织风流，严禁污染空气倒流，新鲜空气进风口与污风排出口间距必须大于 50 m。放射性工作场所通风换气次数见表 5-6。

表 5-6　放射性工作场所通风换气次数　　单位：次/h

工作场所级别	换气次数
甲级	6～8
乙级	4～6
丙级	2～4 或自然通风

（2）除氡及氡子体

①常温活性炭吸附法除矿井空气中的氡。

②冷凝法，除氡效率为 50%。

③过滤除氡子体，人造纤维过滤器除氡子体效率达 80%。

④静电装置除氡子体，效率可达 90%。

（3）降尘

除通风外的降尘措施有：①湿式凿岩，除尘效率为 95%。②水封爆破，除尘效率为 50%～70%。③喷雾洒水，可减少粉尘量的 60%～80%。

5.3　铀矿开采和矿冶废物管理实例

5.3.1　铀矿地勘废物管理实例

西北某铀矿床的 3 个废渣堆分别堆放在沟边或山坡上，采用厚度为 0.5 m 的黄土覆盖，经植被绿化后达到了治理目的。治理效果见表 5-7。由于该地区土质砂化，对较陡的废渣堆，在其下缘砌筑了简易挡渣墙，选择了扎根较深的草皮进行植被。几年后在废渣堆上已长出了茂盛的绿草，恢复了自然地貌。

表 5-7　西北某铀矿床 3 个废渣堆治理效果

渣堆名称	γ 辐射剂量率/（nGy/h）			渣堆氡析出率/［Bq/（m^2·s）］		
	治理前	治理后	效率/%	治理前	治理后	效率/%
永兴号	883	128	85.50	1.52	0.74	51.32
安家店	762	140	81.63	1.49	0.59	60.04
小克头	594	126	78.79	1.78	0.64	64.04

5.3.2　铀矿冶废物管理实例

5.3.2.1　管理规模及尾矿库现状

中核集团二七二厂是我国最大的铀水冶厂，运行 31 年，已积累尾矿 1 882 万 t。尾矿库滩面面积为 136 万 m^2，坝坡面积为 25 万 m^2，库内放射性总活度为 1.67×10^{15} Bq。尾砂含天然铀 2.5 Bq/g，镭含量 8.39 Bq/g，氡析出率平均值为 7.1 Bq/（m^2·s），γ 剂量率平均值为 2.56×10^{-6} Gy/h；尾矿库三面被湘江环绕，距湘江最短距离不足 3 km；尾矿坝由 9 个坝段组成，还有 1 个试验坝。

5.3.2.2 管理方法

①尾矿坝体治理：10 个坝段（包括试验坝）的尾矿坝坝体的外坡覆盖 1.0 m 厚的黏土层，以屏蔽降低氡析出率，然后用 0.2 m 厚的砂卵石垫层和 0.4 m 的干砌块石护坡。

②尾矿库滩面治理：经平整后覆盖 1.0 m 的黏土，表面植草护面。

③尾矿库防洪工程：修建宽浅式溢洪道，保证退役尾矿库在遭遇设计暴雨时有足够的泄洪能力，使尾矿库具有足够的洪水安全性，杜绝退役治理后的尾矿库存在长时间积水的可能性。

④东阳沱治理工程：采取覆盖黏土植草、修建拦渣堤坝、整治现有坝体和建截渗沟等措施。

5.3.2.3 管理效果

①尾矿库滩面覆盖 1.0 m 厚的黏土层后，^{222}Rn 析出率降低到 0.74 Bq/（m^2·s）以下，γ 剂量率平均值降低到 26.2×10^{-9} Gy/h 以下，周围居民年有效剂量低于 0.25 mSv。

②覆土层上铺满草皮护面，美化了环境，并可保证覆土的稳定性，能长期经受风雨侵蚀，在没有人为破坏的情况下，可使覆盖层稳固 100 年以上。

③尾矿坝体外坡全部用砂卵石和干砌块石护砌后，增大了坝体抵抗风雨侵蚀的能力，提高了坝体的稳定性，只要坝体稳定安全，就不会造成贮存在坝内的尾砂流失。

④防洪工程可使退役治理后的尾矿库有足够的洪水安全，即使发生万年一遇的暴雨洪水，尾矿库也安然无恙。

⑤退役治理后的尾矿库，不会再有长时间的积水，库内保持干涸状态，大大提高了退役治理后尾矿库的安全性。

第6章 核技术应用放射性废物管理

根据《城市放射性废物管理办法》，核技术应用放射性废物是指同位素和辐照技术在工业、农业、医疗、科研和教学中应用产生的、含人工放射性核素比活度大于 2×10^4 Bq/kg，或含天然放射性核素、比活度大于 7.4×10^4 Bq/kg 的污染物；或者来源于上述活动中表面污染水平超过国家辐射防护规定限值、又不进一步利用的污染物，也可视情况作为放射性废物。由于这些活动大多在城市，所以我国又将核技术应用产生的放射性废物称为城市放射性废物。我国原子能工业的大型研究单位也产生一些放射性废物，但考虑到这些废物产生单位均具有较完善的废物管理体系，另外所产生的废物从本质上也有一定的特殊性，如研究堆废物等，因此，目前对原子能研究产生的废物基本上单独考虑，故不作为本章的内容。

6.1 核技术应用放射性废物的来源、分类、特征及管理特点

6.1.1 核技术应用放射性废物的来源

核技术应用放射性废物来源于同位素应用和辐照技术的应用。早在 1937 年，北京协和医院就从美国进口液体闪烁镭源用于放射治疗。目前，除用于医疗外，核技术还广泛应用于工业、农业、科研、教学等。表 6-1 列出了医学、研究等领域所使用的放射性同位素，表 6-2 列出了核技术应用的具体方面，表 6-3 给出了核技术应用中所使用的密封放射源。

由此可见，核技术应用范围很广、应用形式很多，因而产生的废物也是多种多样的。表 6-4 归纳了核技术应用废物的形态、组成和来源。其中从危害上和技术上应引起注意的是废有机闪烁液、动植物尸体、废放射源。

表 6-1　医学、研究等领域所使用的放射性同位素情况

核素	半衰期	主要应用	活度范围
^{3}H	12.3 a	临床分析	0.1 mCi
		生物研究	1 Ci
^{14}C	5 730 a	生物研究	10 mCi
		标记	0.5 mCi

核素	半衰期	主要应用	活度范围
^{32}P	14.3 d	临床治疗	5 mCi
		生物研究	1 mCi
^{35}S	87.4 d	临床分析	0.1 mCi
^{51}Cr	27.7 d	临床分析	0.1 mCi
		生物研究	5 μCi
^{59}Fe	44.6 d	临床分析	1 mCi
^{75}Se	120 d	临床分析	1 mCi
^{90}Y	64 h	临床分析	50 μCi
^{99m}Tc	6 h	临床分析	10 mCi
^{111}In	2.8 d	临床分析	10 mCi
^{125}I	60 d	临床分析	10 mCi
^{131}I	8 d	临床分析	10～100 mCi
^{121m}Te	154 d	^{131}I 废物的衰变产物	1～10 mCi

表 6-2 核技术应用的领域和具体方面

应用领域	具体应用
射线照相技术	工业γ和 X 射线照相法（无损探伤）、医学诊断射线照相法、β射线照相法、中子射线照相法
分析技术	X 射线荧光、电子俘获、中子俘获和活化分析
测量技术	透射式测量仪表（β和光子）、β反散射式测量仪表、γ反散射式测量仪表、X 射线荧光计、光子转换（水准仪）、选择性γ吸收、γ散射、中子活化、中子透射
辐照技术	辐射光治疗（远距治疗）、近距治疗法、辐照消毒、交联、熟化和接枝、食品保藏
涉及非封闭放射性物质的技术	放射性同位素示踪技术、放射性药物的治疗应用、自发光装置、增强电子放电、钍的使用
其他技术	静电干扰消除、烟雾探测器、避雷警告系统、露点计、核电池、无意的放射性浓缩、X 射线无意产生

表 6-3 核技术应用中所使用的密封放射源情况

核素	半衰期	源类型	应用
^{60}Co	5.3 a	γ	工业、放射性治疗、育种
^{137}Cs	30 a		
^{192}Ir	74 d		
^{226}Ra	1 600 a		
^{32}P	14 d	β	厚度测量
^{85}Kr	10.8 a		
^{90}Sr	28.5 a		
^{210}Po	138 d	与 Be 结合中子	活化和其他研究
^{214}Sb	138 d		
^{226}Ra	1 600 a		
^{227}Ac	22 d		
^{239}Pu	24 000 a		
^{241}Am	433 a	电离	厚度测量 烟雾测量

表 6-4 核技术应用废物的形态、组成和来源

废物形态		废物组成与来源
液态	水溶液	实验室
		去污
		污水
		冲洗水
	有机溶液	泵油
		闪烁液
		萃取剂
固态	可燃和可压缩的	纸巾
		拖布
		纸
		木板
		塑料
		橡胶
		手套
		防护衣具
		过滤器
		离子交换树脂
		动植物尸体
		排泄物
	不可燃和不可压缩的	玻璃
		金属
		碎料
		砖
物类废物		废密封放射源（含镭针）

6.1.2 核技术应用放射性废物的分类和特征

核技术应用放射性废物的分类可从 3 个方面考虑：①按所包含放射性核素的半衰期分类。②按处理方式分类。③按最终处置方式分类。

按所包含放射性核素的半衰期，可分为 3 类：

①短半衰期废物（$T_{1/2} \leqslant 60$ d）。

②中等半衰期废物（60 d$< T_{1/2} \leqslant$5.3 a）。

③长半衰期废物（$T_{1/2} >$5.3 a）。

按处理方式，可分为液态废物、固态废物和废密封放射源 3 大类。液态废物需固定和（或）固化，根据处理方式的不同又可分为 3 种形式：一般废液、废油等有机废液和废闪烁液。而固态废物按其处理方式可分为可燃可压缩的废物、不可燃不可压缩的废物、试验的动物尸体和植株、固化物，如表 6-5 所示。

表 6-5　核技术应用废物按处理方式分类情况

类别	形式
液态废物	一般废液
	废油等有机废液
	废闪烁液
固态废物	可燃可压缩的废物
	不可燃不可压缩的废物
	试验的动物尸体和植株
	固化物
废密封放射源	废密封放射源

《城市放射性废物管理规定》将核技术应用放射性废物从形式上分类，实际上分为 7 种：①各种污染材料（金属、非金属）和劳保用品。②各种污染的工具和设备。③零星低放废液的固化物。④实验废弃的动物尸体或植株。⑤废放射源。⑥含放射性核素的有机闪烁液（活度浓度大于 37 Bq/L）。⑦其他，如少量污染的土壤等。这里第一种形式中，“各种污染材料（金属、非金属）”是不可燃不可压缩的，而“劳保用品”则绝大部分是可燃和可压缩的，因此，宜将其分开。

按最终处置方式，可分为经贮存后直接排放处置的废物，可作为一般垃圾处置的废物，低放废物、中放废物和高放废物。

6.1.3 核技术应用放射性废物的管理特点

从放射性废物的来源可以看出，核技术应用放射性废物总体上具有种类多、分布广、批量小的特征。种类多表现为不仅形式、形态多，而且涉及核素多；分布广表现为行业多、面广；批量小表现为绝大多数为小批量产生。

根据这些特点，核技术应用放射性废物的管理路线应是跟踪产生，集中处理、贮存，分类处置。跟踪产生就是要对废物产生者进行全面跟踪，了解其废物产生时间、数量和类别等；集中处理、贮存就是不需要每一个废物产生者都建设一套废物处理设施，由于废物量小，这种做法是不经济也是不安全的，应及时送交暂存库；分类处置，考虑到现在我国近地表处置场已经开始接收废物，暂存库可将不能衰变至可接受水平的废物统一处理和整备后送交最终处置库。因此，暂存库在核技术应用废物管理中起着承前启后的作用。前就是众多的废物产生者，后则是废物最终处置。废物产生是废物管理的起点，应做到废物产生的最少量化和分类收集，这是废物产生者的责任，废物收贮与暂存运营者应提出具体要求并提供技术支持。废物处置是废物管理的终点，废物收贮与暂存运营者应以处置为目标，对废物进行处理、整备和包装。

6.2 核技术应用放射性废物的处理与整备

6.2.1 液体放射性废物的处理与整备

废物产生者应将各类废液分类收集和贮存。为了避免造成后续过程中的工作难度和工作量，应将废液按无机废液和有机废液分离开来，含长寿命核素的和短寿命核素的更要严格分开。

对于产生量较少、而不适于直接排放的废液，可以使用不同容积和尺寸的塑料容器。如果为有机放射性废物，应用玻璃容器盛装，但玻璃容器不应用于其他的放射性废物。如果废液体积较大，则应使用贮罐。贮罐的容积取决于废液的产生速率、废液的处理或排放周期。^{3}H、^{14}C 等放射性核素测量中产生的闪烁液要另类存放。

对于含短寿命核素的废液，主要是衰变贮存，当其中的放射性活度达到排放许可后，直接排放。

而对于含有长寿命核素的放射性废液，化学处理是比较切实可行的方法。当废液体积不大时，通常采用间歇操作的处理方式。化学沉淀是通用的处理方法，即通过絮凝、沉淀和分离将液体中所含的放射性核素分离出来。常用的絮凝剂有铝盐、铁盐和石灰等。对于一些特定核素，有特定的方法，如铜或镍的铁氰化物对于铯的去除很有效。化学处理的主要优点在于：①费用较低。②可以同时处理各种核素和溶液中的非放射性盐以及悬浮物中的固体物质。③处理方法得到了充分的验证和实际应用。④随着废液的不同可较容易地改变操作方式。⑤可以较经济地处理大体积的废液。

沉淀操作生成沉淀物，因此化学处理通常与液固分离等物理方法一并采用，如沉淀、倾析过滤或离心分离。上清液经处理后，如达到允许排放水平，可直接排放。产生的沉淀物必须进行整备以适于贮存、运输或处置。

有许多不同的整备方式，如水泥固化。大多数情况下，由于需要处理的废物量很小，因此常采用简单的水泥固化方式，特别是桶内水泥固化。该方法操作简单、经济、可靠。

对于有机废液处理，有效的方法是吸附，将废液转化成固体形式。可以将废液加入放有吸附剂的容器中，吸附剂吸收废液。通常可用的吸附剂有天然纤维（棉花、锯屑）、合成纤维（聚丙烯）、蛭石、黏土、硅藻土、有机吸附球（烷基苯乙烯聚合物）。

吸附剂不同，可生成从松散颗粒到胶状固体不同形态的废物体。这些废物体抗压能力很差。如表 6-6 所示，不同吸附剂的吸附效率不同、增容比也不一样。

表 6-6 不同吸附剂性能比较

吸附剂	吸附效率（废物体积/吸附剂体积）	有机物含量/%	增容/%
天然纤维	0.90	47	111
合成纤维	0.80	44	125
黏土	0.60	33	167
硅藻土	0.65	40	154
蛭石	0.35	26	286
有机吸附球	4.00	80	25

吸附法处理有机废液很难令人满意，其效果还受到废液中所含的水或其他离子态物质的影响。但该法是目前将有机废液从液态转化为固态最简单和实用的方法。

单用水泥并不能有效地固化有机废液。一般其对油的包容量仅有 12%。但是，采用适当的乳化剂可显著地提高包容量，可达 30%～50%。水泥和乳化剂的联合作用可以得到很好的有机废液固化体，特别是对于多相的废液。

6.2.2 固体放射性废物的处理与整备

如前所述，宜将固体废物分为 3 类：①可压缩和可燃的废物。②不可压缩和不可燃的废物。③废弃的动物尸体和植株。含放射性的和不含放射性的要严格分开，这样可降低放射性废物的产生量。固体放射性废物的管理应遵从“减小产生、严格分离、压缩减容”的原则和思路。

对于可压缩和可燃的固体废物，有几种处理方法。仅含短寿命放射性核素的，可衰变贮存，直到衰变至可接受的放射性水平。而对于含有长寿命放射性核素的废物，通常考虑两种处理方法：压缩和焚烧。低压压缩，随废物的不同，其减容比可达 3～10。焚烧有较大的减容比，并使废物的形态得到改变，使之更利于整备、贮存和处置。但用于处理放射性废物的焚烧装置，必须有严格的气体净化装置和焚烧灰处理系统。通常，对于体积量相对较小的核技术应用废物，采用压缩减容的处理方法。

对于不可压缩和不可燃烧的固体放射性废物，应直接整备，以便贮存。

对于动物尸体和植株的处理，目前采用水泥固化、微波蒸发（上海城市废物暂存库）。中国辐射防护研究院开发了用快速灰化炉处理动物尸体的技术，具有推广价值。

6.3 核技术应用放射性废物的收贮与暂存

6.3.1 我国核技术应用放射性废物暂存库建设情况

为配合核技术应用工作的开展，从 20 世纪 60 年代起，国家曾投资在北京、长春、兰州、无锡等地建造了不同规模的废物库，用于收贮放射性废物。

1983 年，当时的城乡建设环境保护部组织国家有关管理部门及专家研究具体建库事宜，同年发布《关于加强放射性环境管理工作的通知》，强调：“当前，要抓好城市放射性废物库的规划和建设工作，特别是要做好工程前期工作，编报计划任务书，并将废物库的建设纳入地方的基建计划。”

1984 年，国务院环委办发布了《建设城市放射性废物库的暂行规定》〔国环办建字第 029 号〕，指出："城市放射性废物暂存库的主要任务是解决本省市科研、教学、医疗及其他放射性同位素和核技术应用过程中产生的废物（不包括液体废物）和废放射源的贮存，使其不影响环境安全，一个省（自治区、直辖市）只建一个废物库，设想贮存容积 300～500 m^3，以解决 20 年左右所产生的废物的出路问题。在选址时，考虑留有扩建贮存库、废物压缩装置等场地。这种废物库不处置含铀、钍、稀土的废渣和尾矿渣，也不解决核电站产生的废物的贮存问题。"自此，全国城市放射性废物库建设工作进入规范化管理阶段。

为加强全国城市放射性废物管理工作和指导城市放射性废物库的运行，国家环保局于 1987 年颁布了《城市放射性废物管理办法》，要求："各省、自治区、直辖市环境保护部门，应设置专门机构，配备专业人员，负责归口城市放射性废物的监督管理和环境监测工作。"

上述规定和办法的颁布和实施，使我国的城市放射性废物库建设和运行以及城市放射性废物管理工作从此有法可依、有章可循。

目前，全国已有 31 个省、自治区和直辖市建成了废物库，并开展了废物收贮工作。

6.3.2 废物收贮与暂存

《城市放射性废物管理办法》原则上规定了核技术应用放射性废物的收运、放射性废物库的管理。1997 年出版的《城市放射性废物管理手册》对废物的收贮和暂存做出了具体的描述。该手册的特点是由基层具体人员编写而成，从实际出发，具体、翔实，从工作流程出发组织结构，便于使用。

该手册将放射性废物的收贮与暂存分为五部分：①收贮准备。②收贮现场工作。③运输途中。④入库。⑤库区管理。

收贮准备包括收贮通知、人员和车辆的准备、行车路线、装卸工具的准备、收贮人员责任分解、辐射监测仪器、个人防护准备、包装器材和要求以及装车的准备。

收贮现场工作共分 4 个方面：交接工作、装车、装车后的辐射监测和送贮费用的收取。

运输途中则包括停车、辐射监测、恶劣天气和路况的处置、途中紧急情况的处置。

入库包括卸车程序、废物入库定位、屏蔽和建立档案。

库区管理描述了库区安全、公众关系、道路水电设备维修、库区环境放射性监测评价、长寿命放射性废物的转移。

6.4 废放射源的管理

6.4.1 废放射源的产生及其危害

废放射源是指那些长期不用，将来也不准备使用的密封放射源。废放射源的产生主要有以下几种原因：

①一些单位退役转产，原来使用的放射源就处于闲置或报废状态。

②科技进步使得有可能采用新方法或其他放射源取代原先使用的放射源。

③放射源本身的衰变使其不再具有原来的使用价值。

④放射源破损以致不适合继续使用。

由于废放射源长期闲置不用或不再具有使用价值，往往因疏于管理而失盗，引起辐照事故，造成人员伤亡和经济损失。据不完全统计，1954—1994 年，我国发生近 1 300 起大大小小的辐射事件或事故，与放射源有关的约占 70%，其中大部分涉及废放射源。表 6-7 列出了废放射源失控引起的事故。国内外详细的废放射源失盗案例见参考文献。废放射源的安全管理日渐引起有关各方的高度重视。

表 6-7 废放射源失控引起的事故

年份	地点	事故简况	后果
1963	安徽	将 0.43 TBq ^{60}Co 废源拿到家中	2 人死亡，4 人患急性放射病
1969	北京	将来历不明的 37 GBq ^{60}Co 浇注在混凝土基础中	集体剂量 10 人·Sv
1978	河南	将 54 GBq ^{137}Cs 废源带回住房	29 人红骨髓剂量为 0.01～0.53 Gy
1982	汉中	1.03 TBq ^{60}Co 闲置源被盗	干细胞剂量 0.42～3 Gy
1985	牡丹江	370 GBq ^{137}Cs 闲置源被盗	累积剂量 8～15 Gy，3 人患急性放射病
1988	牡丹江	探伤机上的 220 GBq ^{192}Ir 源脱落捡回家中	受照剂量 0.5～1 Gy
1992	山西	将 400 GBq ^{60}Co 废源捡回家中	3 人死亡

6.4.2 废放射源的安全管理

6.4.2.1 安全管理方案

废放射源作为一种特殊的核技术应用废物，其安全管理分为清查登记、分类贮存、集中整备、安全运输、最终处置几个环节，见图 6-1。

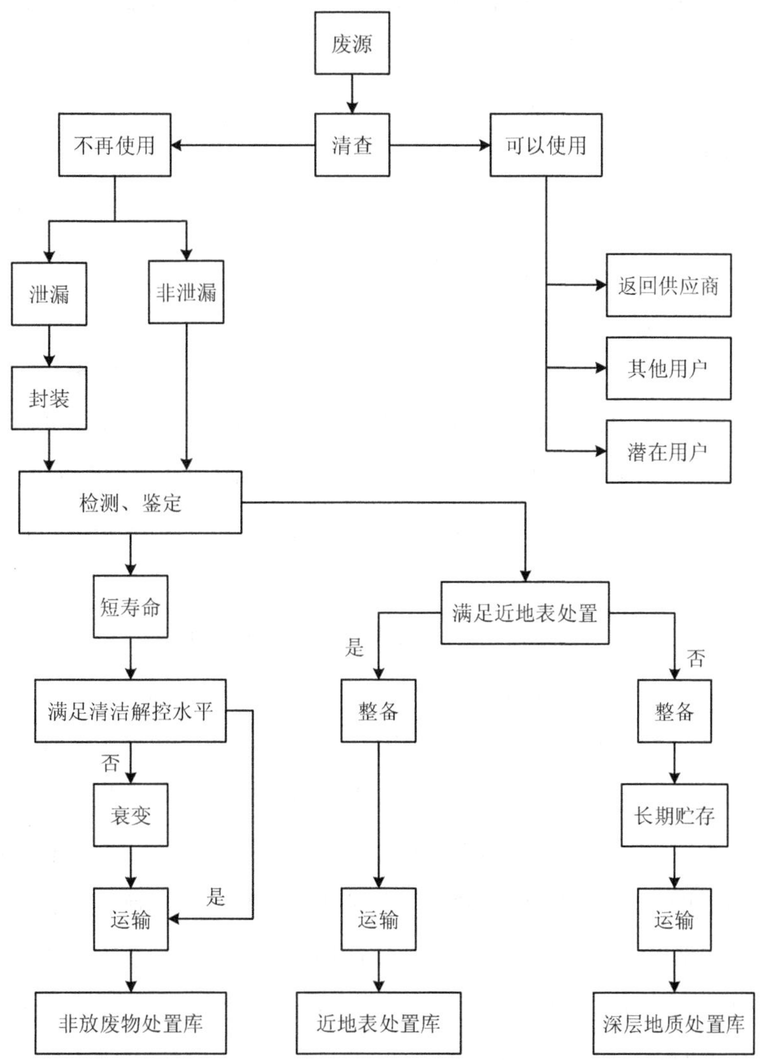

图 6-1 废放射源安全管理环节

6.4.2.2 建立废放射源数据库

废放射源安全管理的基础是对废放射源要做到"心中有数"，废放射源数据库可以汇集废放射源的有关数据，以便：①为废放射源的治理工作（调查、核查、整备、运输、贮存和处置）具体方案的制定和实施提供依据。②为管理部门指导工作和决策提供可靠数据。③为相关用户提供需要的服务。对于某特定废放射源而言，数据库可提供容器材料、核素名称、源活度、检定时间、源包壳材料和尺寸、是否泄漏、存放地点、保管人等信息。

废放射源数据库可根据需要或要求在某区域或某系统范围内建立。核工业废放射源数据库于 1999 年建立，并已投入使用。

6.4.2.3 废放射源整备

对废放射源进行整备的目的是便于搬运、贮存、运输和最终处置。所以整备后的废放射源货包应当满足放射性物质安全运输的规定、长期贮存的要求和处置场的接收准则。在整备前必须对废放射源进行逐个核查。

直到目前，由于对废放射源还没有明确的处置方案和处置技术路线，因此还很难实施有效的整备。一般地，废密封放射源的整备是将放射源用混凝土固定到一定的容器中。从我国目前实际看，由于密封放射源的处置还不落实，因此从处置角度对废密封放射源的包装还不能提出明确的要求。废密封放射源送交城市放射性废物暂存库后，只是原状暂存。

废镭源是个例外，由于其寿命长、危害大，已成为废放射源管理的焦点。国际原子能机构和奥地利塞伯斯多夫（Seiberdorf）实验室联合开发了废镭源整备技术。该方法是将镭源封在不锈钢管中，然后放入带钢衬的铅容器中，并将该包装放入填充混凝土的 200 L 桶中，这样使得将来可以回取贮存源的钢管，该技术在 IAEA 各成员国推广。我国 1999 年在 IAEA 的帮助下，进行了废镭源的示范整备，将分散的 177 个镭源经整备后放入一个容器中，大大减少了贮存空间和风险。整备操作分为：①废镭源的确认，主要是检验源本身与标牌和记录的一致性。②废镭源的封装，将废镭源重新封装在新的不锈钢管中，以防止泄漏和氡的析出。③封装管的检漏，以确认封装管密封的有效性。④放置入铅屏容器中。图 6-2 给出了废镭源整备工作流程图。

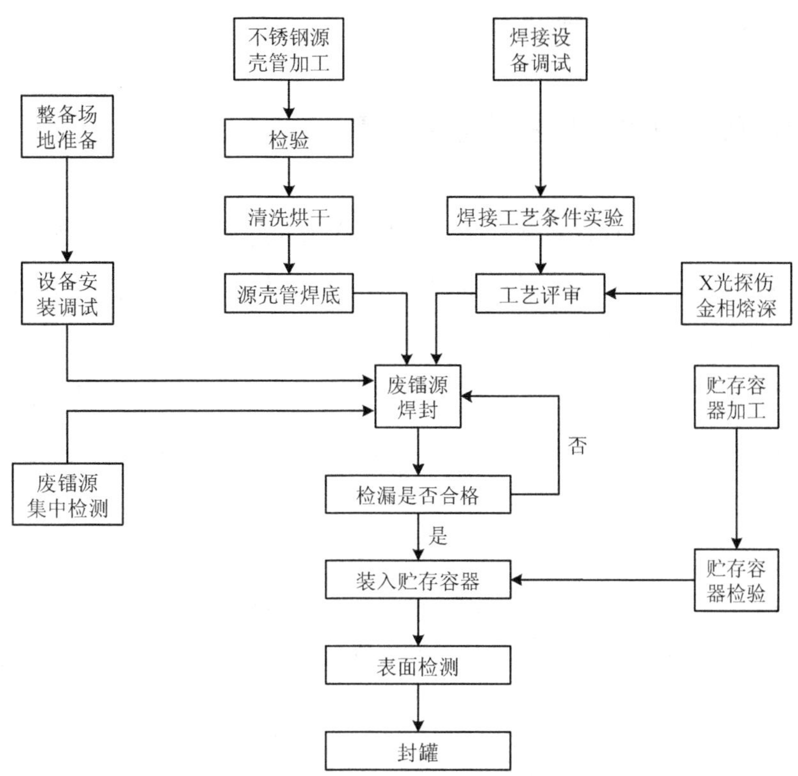

图6-2 废镭源整备工作流程

目前，我国已完成了极少部分废镭源的整备，还有很多废镭源需要整备，亟待编制一份关于废镭源整备的标准，以推进和指导我国废镭源的整备工作。

6.4.3 预防废放射源事故对策

废放射源的各种事故，不但可能造成人员伤亡、环境污染、引发社会问题，还会降低公众对核事业的信心，不利于核事业的发展。因此，国内外都在研究对策，以便有效减少、防止和杜绝废放射源事故。主要对策有：

①建立严格的监管体系，明确分工，互相配合，设立独立的监管机构。

②监管部门严格执法，加强全过程监督，使废放射源时时处于有效控制之下。

③建立必要的经验反馈制度和事故（或事件）报告制度。

④加强宣传，使公众了解放射源的危害和特征，防止误认为“宝物”私藏。

⑤编制应急计划，设立应急机构。

⑥加强出入口岸的监测，防止误入。

6.5 核技术应用放射性废物信息管理系统

信息化是当今社会发展的主流。对于核技术应用放射性废物管理也是一样的。为此，原国家环境保护总局放射性废物管理处提出建立我国核技术应用放射性废物计算机管理系统。目前该系统已运行多年。

该管理系统由若干子系统构成。各子系统相对独立，且各子系统分别具有数据录入和编辑功能、信息查询功能、报表功能。整个系统以城市放射性废物库为主线，以废物为核心。

系统中的法规标准包括城市放射性废物库的法规标准、管理办法等法规建设文件；

暂存库建设是每个废物库基本情况的说明，包括一些图片和资料；

组织机构是每个废物库的人员组织和管理机构信息以及与城市放射性废物库相关的人员信息；

仪器设备是每个废物库的仪器仪表设备及使用情况；

登记与许可包括产生放射性废物单位登记信息和产生废放射源单位登记信息；

送贮与收贮包括送贮放射性废物登记信息、送贮废放射源登记信息、送贮生物放射性废物登记信息和收贮放射性废物登记信息；

文档管理则是日常运行文件的计算机化文档管理。

6.6 核技术应用放射性废物管理的经验

我国核技术应用放射性废物管理的进展是有目共睹的，无论在法规等软件方面，还是在暂存库等硬件方面，都有了一个很好的开端。多年以来的实际工作取得了很多经验，主要表现在：①加强法规建设，做到有法可依。②依法行政，强化监督，规范管理。③加强硬件建设，做到系统化管理。

6.6.1 地方法规得到加强，做到有法可依

1984 年，国务院环委办发布的《建设城市放射性废物库的暂行规定》（国环办建字第

029 号）和国家环境保护局于 1987 年颁布的《城市放射性废物管理办法》奠定了我国核技术应用放射性废物管理的硬件建设基础和软件基础。2003 年颁布实施的《放射性污染防治法》对核技术利用相关领域做了专章规定，2005 年国务院发布《放射性同位素与射线装置安全和防护条例》，是核技术利用方面的一部专门行政法规。此外，地方性立法也取得了很大进展，天津市 1989 年发布了《天津市放射性同位素与射线装置辐射防护管理办法》、1992 年发布了《天津市放射性废物管理办法》；吉林省先后下发了《关于落实我省辐射环境管理任务的通知》《加强辐射环境管理通知》；河南省制定了《河南省放射性废物管理办法》；四川省颁布了《四川省放射性污染防治管理办法》；福建省发布了《福建省放射性废物管理办法》等。所有这些规定、办法的出台，为审管、监督、行政和执法提供了基础，做到了有法可依，大大推进了地方放射性废物管理工作的改进和提高。

6.6.2 依法行政，强化监督，规范管理

四川省辐射环境管理监测中心站在《四川省放射性污染防治管理办法》颁布后，进一步加强了辐射环境管理工作；吉林省放射环境监督管理站进行规范化管理，树立执法形象。制定了一整套执法文书、执法程序，并在执法检查的工作中得以应用，力求管理上的规范化。

6.6.3 加强硬件建设，个别地方做到了系统化管理

我国建成的城市放射性废物暂存库，尤其是上海市城市放射性废物暂存库，除具备暂存设施外，还有配套的废物处理设施。该库具有废物分类分装压缩打包车间、放射性废物焚烧炉车间、放射性废水处理车间和综合处理车间，包括塑料固化工段、超声去污工段、实验动物尸体微波真空干燥工段。

6.7 核技术应用放射性废物管理应加强的几个方面

我国核技术应用放射性废物管理成绩是巨大的，但存在和发现的问题也不容忽视。今后应努力加强以下方面。

6.7.1 建立国家级的监管法规基础

目前，我国核技术应用放射性废物管理所依据的仅是 1987 年国家环境保护局制定的《城市放射性废物管理办法》，这使得核技术应用放射性废物管理缺乏一个坚实的法律基础。同时，自从该办法颁布以来，我国经历了重大变革，政府机构进行了大幅度调整，实施了由计划经济向社会主义市场经济的过渡，放射性废物管理从技术和观念上都有了很多新的认识和提高。所有这些变化，都促使我们考虑在新形势下，如何做好核技术应用放射性废物管理的法规建设和监管体系的完善。

6.7.2 理顺行政管理体系

目前，核技术应用的管理至少涉及三个行政部门：生态环境主管部门负责辐射许可证颁发和辐射安全监管、卫健委负责职业卫生、公安部门负责实体安全。从核技术应用废物管理的角度看，管理应从废物产生的源头管起，但由于管理部门分工不明确，造成的是一种并列的管理作业方式，而不是一种系统的管理模式。这既是管理资源的浪费，也给管理对象造成了负担。由于互相不通气，相关部门对废物产生源项不清，废物得不到有效控制，出现了管理上的漏洞。因此，应理顺行政管理体系。

6.7.3 做好核技术应用废物处置的技术准备工作

处置是废物管理的终极问题。核技术应用放射性废物不可能都暂存至其衰变到可接受水平。现行《城市放射性废物管理办法》第五章第 26 条规定：“凡在本库安全贮存期内不能衰变到小于 2×10^4 Bq/kg 的废物和废放射源，只能在本库暂存，保证可回取，待将来转运到最终处置（库）去。”目前存在问题是：①低放废物近地表处置库关于核技术应用废物特别是废放射源的处置接受准则和要求是什么，不仅在监管上没有一个明确的规定或说法，而且在技术上也没有准备。②目前也没有说明需送最终处置库的废物或废放射源在暂存库的贮存期限，或者是否有些废物可直接送交最终处置库。③未从处置接收的角度规定转运的废物在压实、固化和包装等方面的要求。因此，应做好核技术应用废物处置的技术准备工作。

6.7.4　加强对废放射源的管理

废放射源作为特类废物，需进一步加强管理和监督。这不仅要做好收贮废源的管理工作，更重要的是要做到两个延伸。第一个延伸是要从辐照源使用的计划开始就管起来，要从用户的人员、软件、硬件各方面实行监督管理，做到从“摇篮到坟墓”的由始至终的管理。第二个延伸是将失控源管起来，主要分 3 种情况：

①在役源由于设备故障或人因事件而处于失控状态。

②停用源在保管期内由于管理不当有可能被盗或丢失。

③废密封放射源在处置前由于管理不当而可能被盗或丢失。

目前，我国已基本上形成了放射源管理的良好氛围，这包括：①生态环境部的管理职能得到强化，负责放射源和废旧放射源的监督管理。② IAEA 建立了废镭源整备方法，并于 1999 年 6 月对我国核工业系统东北地区的部分废镭源实施了示范整备。③生态环境部、国防科工局等部门和业内专家对放射源和废旧放射源管理达成了一些共识。④IAEA 日趋重视对废放射源的管理，活动频繁，表现在：1998 年 8 月和 1999 年 7 月两度召开关于辐射源安全和放射性材料保安的专家组会议，并制定了行动纲领；2000 年 5 月，召开关于辐射源分类的专家组会议；2000 年 12 月出版了《辐射源安全和放射性材料保安实施准则》。

总体来看，这有助于废放射源管理内外环境的改善，国家有关部门有必要从监管体系、处理和处置技术、人员等各方面统一计划、统一安排，促进我国废密封放射源的管理迈上一个新的台阶。

第7章 铀（钍）矿产资源开发利用放射性废物管理

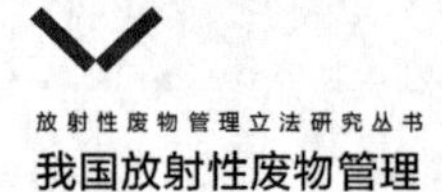

7.1 铀（钍）伴生矿放射性废物的来源及管理的必要性

铀（钍）伴生矿放射性废物是指除铀矿冶外采矿、冶金、油气开采等过程中产生的一类含放射性的废物。这些作业包括肥料生产及使用、磷酸盐类生产、化石燃料开采与利用、油气开采和提炼加工、稀土采矿和冶炼等。这类废物的放射性来源于原料中伴生的天然放射性物质（主要是 U、Th 及其子体），因此此类废物体积很大，特别是废金属和矿渣。

德国联邦环境自然保护和核安全部的一项研究表明，可能产生伴生放射性废物的行业和部门约为 19 个，其中下列行业是必须考虑的：天然气和石油、磷矿和磷肥生产、锆矿开采和冶炼、钢铁工业。

尽管十多年前人们就意识到对一些自然资源的加工可能会导致其中所含天然放射性的富集，但对这类废物的管理却未引起足够的重视。事实上，产生此类废物的活动引起的剂量和活度都相当高。在油气工业中，管道和设备的结垢和松散沉积物中 ^{226}Ra 和 ^{228}Ra 的活度浓度可高达 1 000 Bq/g；磷酸盐工业中，由于用硫酸溶解磷酸盐矿石生成磷酸，这一步使其中所含的铀及其子体溶于酸中，并在后续工艺中得到浓集。例如，有一个这类工厂的垢中镭活度浓度达到 8.5 kBq/g，全厂活度总累积达 10 GBq，最大表面活度浓度达 170 kBq/cm^2，外照剂量率达到 260 μSv/h。

1999 年国家环境保护总局核安全与辐射环境管理司对全国部分省市伴生放射性矿物资源开发利用中放射性污染的调查表明：①我国有大量的伴生放射性矿物资源，特别是稀土矿资源更是位于全球之冠，占世界探明储量的 80%左右。②伴生放射性矿物资源开发利用中已经产生了相当多的伴生放射性废物。据调查仅内蒙古、四川、贵州、山东、广东、天津和吉林七省市就有伴生放射性矿物资源开发利用企业 400 余家，每年产生活度浓度小于 2×10^4 Bq/kg 的固体废物近 300 万 t，活度浓度大于 2×10^4 Bq/kg 的废渣约 800 万 t，废水排放量约 25 000 万 t。③有些燃煤电厂由于冲灰水的排放，使排污口上、下游河水中的天然放射性核素浓度相差一倍以上，总放射性则超标几倍至几十倍。④伴生放射性矿物资源开发利用对当地的土壤环境也造成一定程度的放射性污染，仅包头市城区放射性污染土壤面积就达 7.33 km^2。⑤据不完全统计，四川稀土冶炼企业每年排放约 132 万 t 含天然放射性污染的废水，其中钍总活度为 2.34×10^{11} Bq/a、镭总活度为 9.42×10^{11} Bq/a、铀总活度为 2.21×10^{11} Bq/a。

总体来看，伴生矿放射性废物具有活度低、所含放射性核素寿命长、数量大、分布广的特点。

综合国内外的已有数据，说明对铀钍伴生放射性废物的管理不仅是必要的，而且是急需的。

7.2 铀（钍）伴生矿放射性废物管理

参照 1998 年召开的伴生放射性材料国际会议的有关报告和我国放射性废物管理的已有实践经验，铀（钍）伴生矿放射性废物的管理应从以下 6 个方面着手。

7.2.1 法规和监管体系的建立

目前，关于铀（钍）伴生矿放射性废物管理的监管基础不是很明确。《辐射防护规定》（GB 8703—88）在其总则部分要求："伴有辐射照射的一切实践和设施的选址、设计、运行和退役，都必须遵守本规定；一切伴有辐射照射的实践和设施，都应符合实践的正当性和辐射防护最优化的原则。"在其放射性废物管理一节中明确规定："含天然放射性核素的尾矿砂和废矿石及有关固体废物，当比活度为（2～7）$\times10^4$ Bq/kg 时，应建坝存放，退役时应妥善管理，要防止污染物再悬浮和扩散，当比活度大于 7×10^4 Bq/kg 时，应建库存放。"但该规定并未将伴生放射性废物管理作为一个专门问题来对待。目前该标准更换为《电离辐射防护与辐射源安全基本标准》（GB 18871—2002）。

另外，《城市放射性废物管理办法》也未将铀钍伴生放射性废物列入管理范围。1990 年国家环保局颁布的《放射环境管理办法》对伴生放射性矿物资源利用项目提出了监督管理要求，但其范围也仅限于伴生放射性矿物资源利用项目产生的废渣及副产品的使用，而对石油、钢铁、天然气等行业并未涉及。

因此，加强对伴生放射性废物管理的法规和标准建设，制定全方位的国家级标准、规定是当务之急。

《放射性废物管理规定》（GB 14500—2002）考虑了伴生放射性废物的管理问题，并单独作为一章提出了铀钍伴生放射性废物管理的基本要求。国家环境保护总局于 1999 年组织部分省市辐射环境管理部门进行了伴生放射性矿物资源开发利用中放射性污染现状调查与对策研究，并在此基础上于 2001 年颁布了《伴生矿环境保护监督管理手册》。手册中对伴生放射性矿物资源开发利用的监督管理依据、监督管理职责分工、监督管理范围和内容、监督管理方法步骤、环境保护行政处罚、监督管理部门和被检查单位的权利和义务做了全面系统的规定，成为环境保护行政主管部门对伴生放射性废物管理的执法依据之一。由于该手册的出发点是伴生放射性矿物资源开发利用的环境保护行政管理，因此对一些具体的技术问题，如伴生放射性的豁免水平、解控水平、废渣贮存和处置设施的技术要求等并没有做出定量规定。

我国《电离辐射和辐射源安全基本安全标准》，明确要求将包括非铀矿冶及其应用，以及喷气航空业工作人员等非核生产行业中的天然辐射照射列入考虑范围。这将为制定具体的关于伴生放射性废物管理的法规和技术标准做出辐射防护准备。

国际社会也非常关注这方面的问题，1996 年 5 月 31 日，欧盟发布了其新的电离辐射防护基本安全标准。一个主要变化在于明确了对天然辐射源的防护问题，并要求成员国在 2000 年 3 月前予以法律化。

IAEA 也正在探求如何将核行业应用的排除、豁免和解控概念扩展到伴生放射性废物管理领域。

对于铀钍伴生矿放射性废物来讲，排除和豁免尤显重要。这关系到哪些是该管的，以及如何管的问题。国内学者也曾提出对于伴生放射性废物的管理要“完善有关法规，特别要制定好与我国自己的与伴生放射性有关的豁免规定。目前的电离辐射基本安全标准等推荐的豁免值，并不能直接用来作为伴生放射性废物的豁免依据，因为基本安全标准所推荐的豁免值明确只适用于少量物料，不适用于大量物料，另外它们推导时所采用的关于照射情景的假定也不一定适用，需要结合具体情况，审核修改”。

7.2.2 减少伴生放射性废物产生的措施

伴生放射性废物涉及的工业部门较多，主要有稀土工业、石油和天然气工业、煤燃料、钢铁工业和磷肥工业等，对其控制不能简单地“一刀切”。

①从国家环境保护行政管理角度讲，我国幅员辽阔，各地区生产技术水平和自然条件差异也很大，可以按地区、按行业制定一些归一化的排放限值和给每个企业一个排放指标。并且按照“谁污染，谁付费”的原则，严格执行排污收费制度。可以通过拉开放射性废物与一般废物的收费差距，促进废物产生单位采用先进的生产工艺，实行清洁生产，对废物实施分类收集，从而减少伴生放射性废物的产生量和排放量。

②严格执行环境影响评价制度和“三同时”制度，避免走“先污染后治理”的老路，同时加强伴生放射性污染防治方面的宣传教育。

③各个废物产生单位应将放射性废物产量的最少化变成日常生产活动的一个任务指标。对于大多数的废物产生单位，主要靠加强管理、对产生的废物分批监测、将达到管理限值的废物与其他废物分类存放，专门保管。

④积极采用新技术、新工艺，实行清洁或无害化生产是一个理想的目标。通过改变主工艺不仅可以减少放射性污染物的产生量，而且有可能改变所产生废物的性质、组成和放射性水平，使之更适于处理和贮存。

⑤在生产过程中，对各类废物严格分类收集是十分重要的。如果放射性污染水平较高的废物流与非放射性废物流相混合，有可能导致生成大量的放射性废物，这样会大大提高后续费用。

⑥对于石油等行业产生的放射性污染废旧金属，应争取实现去污后回用。荷兰尝试将其海上石油平台产生的污染设备在专门的炼铁厂熔炼后回用。这样可以大大降低放射性废物的产生量，对企业来讲，可以节省大笔废物处置费用。

⑦严禁相关行业的乱采乱挖，也是控制此类废物产生的重要措施。为此国家有关部门首先要出台相关的规定和要求，其次要加强监督、执法。

7.2.3 污染后果的评价

1990 年国家环境保护局发布的《放射环境管理办法》第 5 条要求：新建、改建、扩建和退役伴有辐射项目必须执行环境影响报告书（表）审批制度；第 10 条要求：一切伴有辐射项目的环境保护设施，必须与主体工程同时设计、同时施工、同时投产使用。这样对于新建、改建、扩建项目，在其环境评价过程中，就要对废物产生的影响做出后果评价。其管理的重点是监督和监测。

污染后果评价的重点应主要针对业已产生的伴生放射性废物。这是因为对于这些过去实践产生的污染，首先由于过去并未纳入放射性审管控制范围内，这样在生产运行中也就未严格地对待产生的废物。另外，由于历史的原因，在进行评价中可能会出现源项不清、数据不全等问题。

污染后果评价在现阶段对我国有特殊意义。目前，我国很多企业由于种种原因实行关停并转。这样对于过去生产遗留环境问题的处理应作为企业和行业主管部门的一项重要工作。为了做好这一工作，必须进行污染后果评价，因地制宜，就事论事。

但作为因地制宜、就事论事的基础，生态环境主管部门应组织研究、制定评价的目标、原则、基本方法（包括情景分析和筛选、模型和计算机程序、相应的参数和取值原则以及评价结果的可靠性等）。

应促进尽快建立我国的辐射环境评价数据库，为进行辐射环境后果评价提供一个良好的信息资源。

7.2.4 铀（钍）伴生矿放射性废物的处理

对于伴生放射性废物，由于其污染核素主要为铀、钍和镭，因此伴生矿利用中所产生的伴生放射性废物与铀矿冶废物在特征上有一定的共性：活度低、体积大。而其他行业产生的伴生放射性废物，由于目前的资料很少，很难做出一个概括性的分类。

但无论如何，核燃料循环工业已发展了许多行之有效的放射性废物处理方法。特别是铀矿冶的污染治理技术更有很多可借鉴之处。

铀矿山放射性污染废水应做到清污分流、分类收集、分类处理、循环使用，努力降低排放量，主要采用的处理方法有沉淀法、离子交换法、吸附法和天然水体稀释法。

石灰沉淀法是处理含铀废水的一种简单有效的方法，其作用机理除了沉淀过程外，重要的是借助载体的共沉淀作用，将水中的铀分离出来，同时也可将水中所含的镭沉淀下来。

离子交换法则利用离子交换树脂与放射性液相相接触，通过离子相互交换，把废水中所含放射性离子转移到离子交换树脂上去，从而达到净化废液的目的。我国铀矿山主要采用阴离子交换树脂处理废水。该工艺具有吸附容量大、容易再生、机械性能好、价格便宜等优点，应用比较广泛。

吸附法则是利用多孔固体吸附剂的表面力，使有害物质附着在吸附剂的表面上，达到分离的目的。

对于伴生放射性固体废物，大量的应建坝或建库存放。少量的应装桶送交附近的城市放射性废物暂存库存放。严格禁止与一般废物混合。

7.2.5 铀（钍）伴生矿放射性废物的处置

现代放射性废物管理思想认为：放射性废物管理是以安全为目标、以处置为核心的，处置是放射性废物管理的终极目标。对于伴生放射性废物来说也不应例外。

对于放射性水平达到低水平且满足低、中放废物处置库接收标准的伴生放射性废物，应尽可能送交低、中放废物处置场处置。

而在大多数情况下，铀钍伴生矿放射性废物所含放射性比活度较低，但体积又特别大。按 1993 年发布的《放射环境管理办法》，当放射性比活度为（2～7）$\times10^4$ Bq/kg 时，应建坝存放，退役时应妥善管理，要防止污染物再悬浮和扩散，当比活度大于 7×10^4 Bq/kg 时，应建库存放。2001 年国家环境保护总局发布的《伴生矿环境保护监督管理手册》“废物处置与排放”一节中规定：

①放射性比活度大于 7×10^4 Bq/kg 的废渣，按规定收集、包装，全部送城市放射性废物库贮存。

②比活度小于 7×10^4 Bq/kg、大于 2×10^4 Bq/kg 的废渣，应建坝存放，并注意采取防渗漏、防飞扬措施，不使污染扩散。

③比活度小于 2×10^4 Bq/kg、大于当地本底水平的应妥善处置，可以就地浅埋，然后黄土覆盖植被，埋存地应选择在距居民生活区和水源较远、不易被雨水冲刷的地方。

这就意味着对于放射性比活度为（2～7）$\times10^4$ Bq/kg 的废物，只要保证污染物的再悬浮和扩散得到控制，也就形成了实际上的永久处置。对于这类废物，回填采空区也不失为一种很好的处置方法。国营 711 矿利用废石作为充填料，回填井下采空区有了较为成功的经验。这种方式很好地解决了再悬浮和扩散问题，另外也节省了很多土地。这对于我国人多地少的南方地区，或风蚀比较严重的西北和华北地区更显出其优越性。但总体上讲，这种方式可能费用比较高一些。而对于极少数比活度较高的废物，则只能送交低放废物处置场。

7.2.6 铀（钍）伴生矿放射性污染场址的整治

这里的铀（钍）伴生矿放射性污染场址主要针对渣场、尾矿坝、尾矿库而言，这类废物积存、产生量大，并已形成一定的放射性污染。仅以内蒙古包头市为例，据 1998 年监测调查结果：内蒙古白云鄂博伴生矿在钢铁、稀土冶炼和利用中产生大量的放射性废物和含放射性废渣，放射性比活度为(2～7)$\times10^4$ Bq/k，累积堆存量已达 10 045 万 t，占地 11 km^2；产生高炉渣累积量已达 3 650 t，占地 1 km^2；此外还有大量的合金渣和工艺废渣，以及废石和贫矿。如此大量的放射性和含放射性废渣，又大多露天堆放，造成包头市城区土壤放射性总污染面积达 7.33 km^2。如不及时整治，还会形成更大范围的污染。此外，在我国南方多雨地区，这种简单堆放，还会由于降水造成对农田和地下水等水体的污染。

场址整治要以保护环境、防止污染为目标。一般应遵从以下程序：

①明确整治的最终目标和最终状态。

②确定整治范围。

③制定整治措施，并进行最优化分析。

④实施整治作业。

⑤进行整治后监测和评价。

整治的目标和最终状态，要根据国家的行业政策、地区性发展规划，以及当地的自然、社会和经济条件，本着辐射防护原则，综合考虑。

整治范围的确定要以系统的源项调查为基础，要全面考虑，不留后患。

整治措施的制定要本着安全可靠、经济可行的原则。要以源项调查为基础，搞清污染控制目标和污染传输途径。如在我国北方地区，风蚀应是一个主要因素，工程措施要着重防止风蚀；而在南方地区则主要是防止降水的入渗，防止对地下水和地表水体的污染，要在防渗上下工夫。氡应是共同考虑的一个因素。通常首先考虑坝体的稳定性和是否需要稳定化作业，其次用一定的土壤或碎石进行覆盖，然后用植被、黏土、水泥或沥青等稳定地表。这些工程作业由于地区不同、设施所处自然条件不同而不同。

对污染场址的去污和清除也是整治的一个重要方面。应使整治后的残留污染水平达到可合理做到的尽可能低的水平。应该清除被尾矿、废石和废渣等污染过但要无限制使用的场地和土壤，直至达到预先要求的可接受水平。要相应地做好作业中产生废物的处理和处置。

整治后监测和评价也是整治中一个重要环节。在制订整治计划时要充分考虑整治后监测和评价，制定监测和评价大纲，落实经费。

7.3 铀（钍）伴生矿放射性废物管理的影响

铀（钍）伴生矿放射性废物管理问题日渐引起国际社会、监管部门、环境工作者、废物管理工作者的关注。IAEA 的废物技术科已明确伴生放射性废物为其工作内容之一。欧盟于 1997 年在荷兰召开了第一次关于 NORM 的会议，有 10 个国家的 100 余名代表参加会议；第二次 NORM 会议于 1998 年 11 月在德国召开，有来自 24 个国家的 220 名专家、工业界人士参加了会议。其中有 6 篇论文是关于伴生放射性废物管理的。国际放射性废物管理大会（WM）也在其 1999 年的会议上首次将伴生放射性废物管理列入会议专题，共收到 7 篇论文。

2000 年 11 月我国核学会、辐射防护学会联合石材工业协会等 12 个学会（协会）在北京召开了全国天然辐射与控制研讨会，这次会议共收到论文 150 余篇，其中有 10 篇以上的文章涉及伴生放射性废物管理。这表明伴生放射性废物的管理问题已引起了我国的重视。

监管立法是目前的焦点。对于豁免值的导出与应用，各国有不同的认识和理解。另外，对于钢铁、石油等行业伴生放射性审管的加强，会对企业经营和企业安全文化形成一个不小的挑战。

监测和测量也是一个比较大的问题。由于伴生放射性污染物形状各异、形态不同，另外污染核素随着工艺流程形成不同的分布，给监测造成了相当的困难。

大量极低水平的伴生放射性废物的处置也是热点之一，处置技术、安全目标、安全评价方法等也是今后研究的重点和难点问题。

第8章 放射性废物处置

放射性废物现代管理理论认为处置是放射性废物管理的核心，是减少废物对人类及其环境危害的最终出路。本章介绍各类放射性废物的处置方式和处置技术，包括固体废物的处置和气态、液态流出物的排放两部分，重点是固体废物的处置。

8.1 放射性废物处置的发展历程及我国的实践

8.1.1 放射性废物处置及其发展概括

根据 IAEA 的定义，“处置是将废物放置在一个得到批准的指定设施（近地表或地质处置库）中，而不打算回取，处置也包括通常主要由处理作业产生的气态和液体流出物经批准后直接向环境排放及随后在环境中的弥散过程”。其要点是：①被处置的对象为符合处置要求的废物包。②需要按监管要求在批准的场址上建设一个处置设施。③废物处置必须经过审管部门批准。④处置意味着不打算回取废物。⑤处置系统的功能是保证废物与人类环境长期隔离。这里所说的隔离包括限制废物包中的放射性核素向环境释放和保护废物不受环境过程的影响两重含义。所要求的隔离期限取决于废物中主要核素及其子体的半衰期及放射性活度。

放射性废物处置技术经历了长期探索，积累了丰富的经验。人类最初采用简单填埋方法来处置放射性废物。放射性废物填埋活动始于 20 世纪初，当时放射性物质加工产生的放射性废物大多就地填埋，并未考虑这些废物可能造成的健康和环境危害。大规模的、现代意义的放射性废物处置开始于 20 世纪 40 年代的美国，主要处置对象是低、中放废物。当时主要的处置方式有陆地浅埋处置和海洋处置两种方式，到 1983 年，伦敦倾废公约第七次缔约国协商会议通过决议实行自愿停止放射性废物的海洋倾倒，然而，这次会议对是否终止放射性废物的海洋处置仍悬而未决。但目前海洋处置已是国际禁止的行为。

陆地浅埋也即浅沟处置。最早的浅埋处置场是美国联邦政府 1944 年在美国田纳西州橡树岭实验室建造的，主要用于处置核武器研制和与其配套的核燃料生产过程中所产生的放射性废物，由于早期的处置场在建造时很少去关注废物的包装形式、浅埋场的水文和地质特征、浅埋沟的回填和覆盖，以致于这些早期的处置场在运行了一段时间后，出现了这样或那样的问题。

1969年法国芒什处置场开始运行，该处置场采用混凝土构筑物水泥浇筑回填的一体化工程设施，有严格的回填、覆盖和排水设施。这种处置方式不仅依赖于场址本身，也依赖于一系列工程措施来将废物限制在一定范围内，我们称其为“有工程屏障的浅埋处置”或“多重屏障处置”。这时的多重屏障由天然屏障和工程屏障两种构成。随后，加入了管理控制，从而成为现在的放射性废物处置多重屏障概念，这标志着低、中放废物处置进入一个新的发展时期。

20世纪60年代中期开始，一些国家根据本国的具体情况，对低、中放废物实施岩洞处置。最初，主要是利用一些自然条件较好、结构稳定、距地表较近的（埋深为几十米）天然岩洞或废矿井经简单治理后用于处置低、中放废物。由于废矿井是为采矿开挖的，在采矿过程中，破坏了周围环境，造成了不安全因素，因此又发展了利用专门为处置开挖的岩洞来处置低、中放废物，并将在浅埋处置和其他岩体工程中积累的技术和经验用到低、中放废物岩洞处置中来，形成了一种新的岩洞处置模式。还有一些国家如德国等，倾向于将低、中放废物处置在埋藏深度较大（几百米）的岩洞中。从严格意义上来说，这种处置方式已属于地质处置的范畴。

美国等一些国家在20世纪50年代末，还采用过水力压裂法来处置中、低放废液，1959—1960年，美国在橡树岭进行了第一次水力压裂实验，并于1966年开始用这种方法处置中、低放废液，由于在1982—1984年运行期间发生过井下事故和地下水污染，现已停止该处置作业。我国某后处理厂也曾采用类似的方法来处置生产过程中所产生的中、低放废液，目前已不再使用此类方法。

随着处置经验的积累和处置技术的发展，1981年出版的IAEA安全丛书216号推荐了放射性废物类别与其处置技术之间的经验关系。它指明短寿命低、中放废物适宜浅埋处置和岩洞处置，也可考虑水力压裂、深井注入和地质处置。

IAEA统计资料表明，截至1996年年底，共有53个国家的135个低、中放废物处置场被记录在案。在有核电站运行或建造的32个国家中，均有低、中放废物处置场正在运行或计划建造。此外还有22个无核电计划的国家也已建造或计划建造低、中放废物处置场，以满足其他方面的要求。所有135个处置场的处置技术选择情况见表8-1。

表 8-1　低中放废物处置场处置技术选择情况（截至 1996 年）

	简单浅埋	浅埋	岩洞	技术未定	合计
正在选址		12	2	11	25
选定场址和在建的	1	12	4		17
正在运行	18	48	6		72
停止运行	6	13	2		21
总计	25	85	14	11	135

对于高放废物和 α 废物目前国际上研究较多的是地质处置，美国等一些国家对这种处置方式进行了大量的研究，并建造了一些高放废物地质处置地下研究实验室。由于高放废物和 α 废物处置需要保持废物与人类环境的长期隔离（至少 1 万年），期间涉及的因素很多，因此到目前为止，世界上还没有建成一座高放废物处置库，α 废物处置库目前也只有美国的 WIPP 从 1999 年开始接受废物。

对于极低放废物，一般采用浅埋处置方式。而对于铀地勘和矿冶废物，一般通过建造尾矿库或对废石进行覆盖等方式来对其进行最终处置。

8.1.2　我国放射性废物处置政策

1992 年，国务院批转的国家环保局的国发〔1992〕45 号文《关于我国中、低水平放射性废物处置的环境政策》是目前我国低、中放废物处置的指导性文件。该文件对我国低、中放废物处置政策作出了较为详细的阐述，明确规定“在中、低水平放射性废物相对集中的地区陆续建设国家中、低水平放射性废物处置场，分别处置该区域内或临近区域内的中、低水平放射性废物”。该文件还规定“国务院和各省、自治区、直辖市人民政府的环境保护行政主管部门，负责监督中、低水平放射性废物的处置活动”，“核工业总公司（现为中核集团公司）负责中、低水平放射性废物区域性处置场的选址、建造和运营”，“各级人民政府及有关部门应为处置场的选址、建造和运营提供必要的支持和帮助”，“处置场的管理机构应相对独立，财务上独立核算”。关于中、低水平放射性废物的处置经费，该政策规定“国家有关部门安排一笔长期贷款，并在核电站的基建费中安排一部分资金，作为启动资金。处置场建成后实行有偿服务。所收费用用于归还贷款和维持运行”。对于目前暂存的中、低放固体废物，该政策规定，“核工业及其他部门目前暂存的中、低水平放射性固体废物，在处置场建成后必须迅速送处置场处置”。“城市放射性废物库暂存的少量含长半衰期核素的固体废物，在国家处置场建成后最终也应送处置场。”

《放射性废物管理规定》（GB 14500—93）对放射性废物处置目标、原则和要求作出了进一步阐述，该标准指出：废物处置的目标，是以妥善的方式将废物与人类及其环境长期、安全地隔离，使其对人类环境的影响减少到可合理达到的尽量低的水平。废物处置的基本要求包括：①被处置的废物应是适宜处置的稳定的废物体。②废物的处置不应给后代增加负担。③废物处置的长期安全性不应依赖于人为的、能动的管理。④废物处置对后代个人的防护水平不应低于目前的规定。⑤废物处置设施的设计应贯彻多重屏障的原则。⑥高放废物（包括不经后处理而直接处置的乏燃料）和超铀废物，应在地下深处合适的地质体中建库处置。全国的高放废物应集中处置。⑦低、中放废物可采用浅埋方式或在岩洞中进行处置，也可采用其他具有等效功能的处置方式，低、中放废物应采取区域处置方针。⑧废物的处置应实行按废物的比活度和体积计价收费的制度。⑨废物处置系统应能提供足够长的安全隔离期，低、中放废物的隔离期不应少于300年，高放废物和超铀废物的隔离期不应少于10 000年。

8.1.3 我国放射性废物处置的监管

我国放射性废物处置的国家监管机构是生态环境部（国家核安全局），负责放射性废物处置设施许可证的颁发以及与此相关的环境影响报告和安全分析报告的审批，处置设施所在地的地方生态环境主管部门还要对处置场的环保工作进行监督。

我国对放射性废物处置设施实行分阶段监管，即对处置场的建造、运行和关闭分别颁发许可证，同时也要求分阶段地进行环境影响评价和安全分析。按照规定，废物处置设施的环评报告和安全分析报告应分三个阶段提交，即申请审批场址阶段、申请建造阶段和申请营运阶段。当然，由于目的不同，各阶段环评报告的侧重点也不同。申请审批场址阶段的环评报告应侧重评价所选场址的适宜性，并根据场址的主要环境特征，对处置场的设计提出环境保护方面的要求；申请建造阶段环境影响评价的目的是论证最终场址和处置场的工程设计是否满足保护环境的要求，以便申请建造许可证；申请营运阶段的环境影响评价目的是检验处置场的建造是否符合国家和地方的有关法规和工程设计要求，以便申请运行许可证。

我国放射性废物处置的监管程序如下：业主首先要根据选址的情况向生态环境部（国家核安全局）提交环境影响评价报告和安全分析报告；在报告审评通过后，业主可在预选场址的基础上，选择某一场址进行详细的场址特性调查和工程设计，在此基础上编制申请建造阶段的环境影响报告书和安全分析报告，在上述报告通过评审后，生态环境部（国家核安全局）就可向业主颁发建造许可证，其内容应包括处置设施的位置、建造规模等；获得建造许可证后，业主就可组织工程单位进行施工建造，同时聘用有资质的监理单位对工程质量进行监理。在工程竣工并试运行一年后，业主应向生态环境部（国家核安全局）提交申请营运阶段环境影响报告书和安全分析报告，生态环境部（国家核安全局）在审查批复上述报告后，向业主颁发运行许可证，之后处置场就可投入运行。在处置场投入运行后，行业主管部门（国防科工局、中核集团公司）、国家和地方生态环境和核安全监督管理部门应对处置场的辐射安全进行长期监督。

8.2 低、中放废物的处置

大多数国家采用近地表处置方式处置低放废物，也有少量国家采用其他方式处置低放废物。

8.2.1 低、中放废物的近地表处置

8.2.1.1 概述

低、中放废物的近地表处置是将废物处置于地表上或地表下，设置或不设置工程屏障，最后加几米厚的防护覆盖层，或者是将废物埋于地表下几十米深的洞穴中。因此，近地表处置又可分为近地表浅埋处置和近地表岩洞处置两种方式。

根据《低、中水平放射性废物的近地表处置规定》，近地表处置主要用来处置放射性核素的半衰期小于或等于 30 年（包括核素铯-137）的低、中放废物以及半衰期大于 30 年、其比活度低于规定限值的长寿命放射性废物。处置场的基本性能要求包括：①在废物可能对人类造成不可接受的危险时间范围内（一般应考虑 300～500 年），将废物中的放射性核素限制在处置场范围内，防止放射性核素以不可接受的浓度或数量向环境释放而影响人类的健康与安全。②处置场通过各种途径向环境释放的放射性核素对公众中个人造成的年有效剂量当量不超过 0.25 mSv。③保证处置场的长期稳定性，并使处置场关闭后所需的维护减至最小。④在处置场有组织的控制解除后的任何时间内，对无意闯入处置场或接触废物的个人提供防护，无意闯入者连续受照的年有效剂量当量不超 1 mSv，单次急性受照的年有效剂量当量不超过 5 mSv。

8.2.1.2 近地表处置场的场址要求

众所周知，废物处置的目的是使放射性废物与人类环境长期隔离，因此废物处置场的

场址环境应有利于限制放射性向环境的释放。根据《低、中水平放射性废物的近地表处置规定》和 IAEA 有关低、中放废物浅埋处置场选址的有关文件要求，处置场的选址一般要经历策划、区域调查、场址特性调查和场址确认四个阶段。最终确定的近地表处置场场址应尽可能满足下列条件：

①处置场应选择在地震烈度低及长期地质稳定的地区。应避开以下地区：a. 破坏性地震及活动构造区；b. 地应力高度集中、地面抬升或沉降速率快的地区；c. 地面侵蚀速率高的地区。

②场址地质构造及岩性应符合下列要求：a. 场址应具有相对简单的地质构造，断裂及裂隙不太发育；b. 处置层岩性均匀，面积广、厚度大、渗透率低；c. 处置层的岩土应具有较高的吸附和离子交换能力。

③处置场应选择在工程地质状况稳定、建造费用低和能保证正常运营的地区。

④处置场一般应具备以下水文地质条件：a. 水文地质条件比较简单；b. 最高地下水位距处置单元底板应有一定的距离；c. 无影响地下水长期稳定的因素（如开挖河流、建造水库等）。

⑤处置场场址边界距露天水源应有一定距离，并不应对露天水源有污染影响。

⑥处置场应设置在不会被洪水淹没的地区。

⑦处置场宜选择在无矿藏资源或有资源但无开采价值的地区。

⑧处置场应选择在土地贫瘠，对工业、农业以及旅游、文物、考古等使用价值不大的地区。

⑨处置场应选择在离城市有适当距离、人口密度低的地区。

⑩处置场应远离飞机场、军事试验场地和易燃易爆等危险品仓库。

需要指出的是，适宜的低、中放废物处置场场址不但应包括其固有的地质特性能满足处置安全要求的场址，同时也应包括那些地质条件存在着某些缺陷，但在预计的废物处置寿期内不会对处置安全产生不可接受的影响，或者只要附加一定的工程屏障后，在废物处置寿期内仍能达到处置安全目标的场址。实际上，完全满足上述 10 条要求的场址是很难找到的，世界各国和我国的选址实践经验表明，社会经济因素和公众态度是最终确定场址时不可忽视的因素。对于一个地质条件非常优越的场址，如果它和该地区的工农业经济现状和将来的发展利益相矛盾，或场址处于人口稠密地区，或者是交通不便，或水电供应困难的地区，那么这样的场址仍有可能被否定。因此选址时，除了考虑场址地质条件外，还必须做广泛的社会经济和公众态度调查，并对各种因素进行综合分析。

8.2.1.3 低、中放废物的近地表处置

低、中放废物的近地表浅埋处置是应用最早也是最广泛的一种处置方式。浅埋按处置单元与地表的关系可分为全地下式、半地下式和全地上式三种形式；按其工程要求可分为有工程构筑物和无工程构筑物（即裸埋）两种形式。目前，采用较多的是有工程构筑物的浅埋处置，我国的广东北龙处置场和西北处置场都属于有工程构筑物的浅埋处置。

（1）低、中放废物近地表浅埋处置方式

1）全地下式

这是最早采用的一种方式，直到目前仍有很多国家在沿用。全地下式是将废物埋入地下，覆盖后的上表面与地表标高基本相同或略高。常用的工程模式是壕沟式，壕沟内做成若干混凝土处置单元，在处置单元内安放废物，如图 8-1 所示；也可不建处置单元，将废物直接置于沟内，如图 8-2 所示。这种处置方式的特点是处置构筑物和覆盖层均在地表以下，如果覆盖层施工质量高，且表面种植与当地相同的植物，则关闭后的处置场与周围地貌应是没有区别的，但全地下式要求地下水位较深，保证处置单元底板在地下水位数米之上。

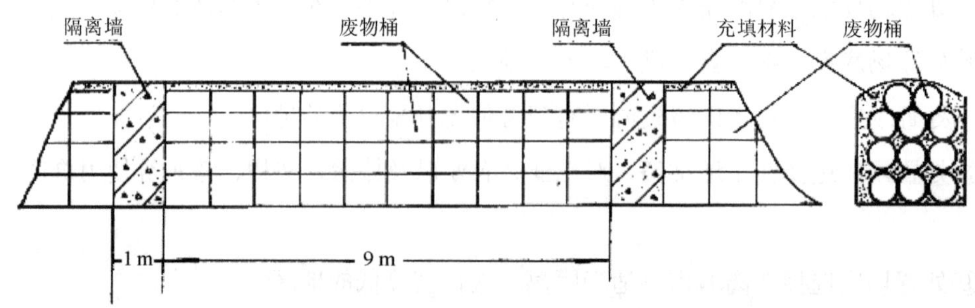

图 8-1 近地表浅埋处置处置单元结构示意图

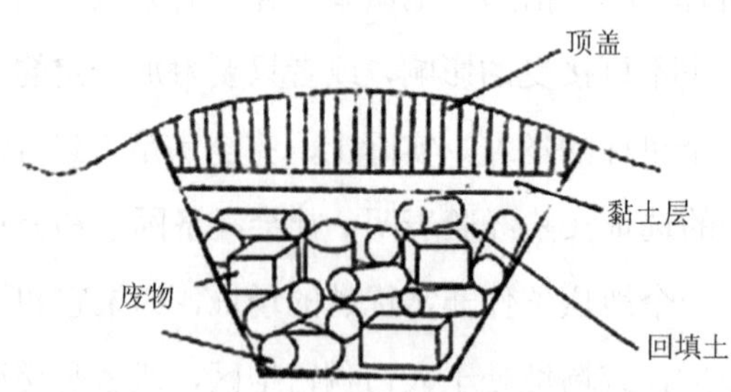

图 8-2 没有处置单元的近地表浅埋处置示意图

2）半地下式

这种方式又称坟丘式，在工程上与全地下式基本相同，但壕沟的深度较浅，处置构筑物有一部分在地表以下，或处置构筑物的顶板与地表相齐，而覆盖层完全在地表之上，如图 8-3 所示。这种形式在堆放废物时要求将比活度较高的废物放在下面，并用砂砾或其他材料充填空隙，上面通常要求用混凝土浇成地板状，然后再堆放比活度较低的废物。堆完后用各种回填材料回填覆盖，覆盖后看起来像个大坟堆。法国的芒什、美国的里奇兰、西谷处置场等都采用的这种形式，只不过坟丘高度不同。

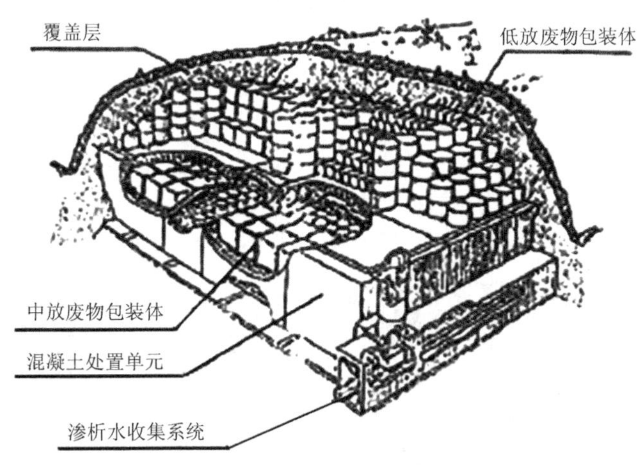

图 8-3 半地下式浅埋处置示意图

3）全地上式

这种处置方式是将处置构筑物建造在已选定的场址地面之上，待装满一层废物后用水泥浆充填空隙以保证构筑物的整体性和稳定性，当废物填满处置单元后，浇筑混凝土顶板，使构筑物成为整块长方体，之后在所有表面上涂上沥青或塑料粉之类的防水层，在构筑物下面有集水系统，以便当覆盖层失去防渗性能时收集任何可能流过处置单元的水分。图 8-4 是全地上式处置方式示意图，我国广东北龙处置场（图 8-5）就是采用的全地上式结构。

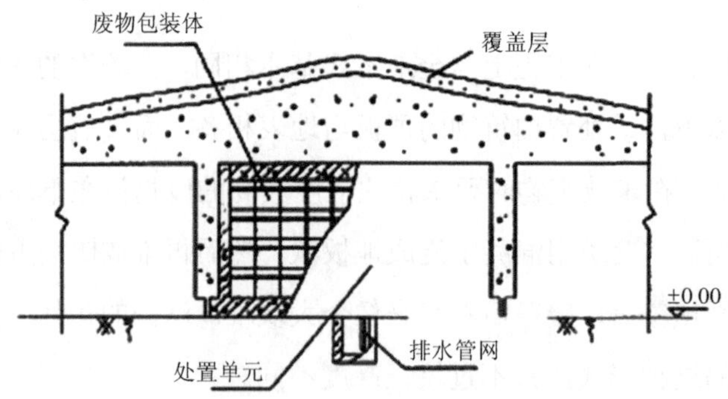

图 8-4　全地上式浅埋处置示意图

图 8-5　中低放固体废物广东北龙处置场

无论是哪一种处置方式，都是依靠工程屏障（人工屏障）和天然屏障（地质屏障）来共同保证处置的安全性。从目前积累的经验来看，低、中放废物浅埋处置的技术是成熟的，其可靠性和安全性都较容易实现，其处置工艺流程也比较简单。

（2）低、中放废物近地表浅埋处置实例

法国奥布低、中放固体废物处置场是近地表浅埋处置技术的典型代表，下面介绍其概况。

奥布处置场是法国在其第一个中、低放固体废物处置场——芒什处置场所积累经验的基础上，建造的第二个低、中放废物处置场，由法国国家废物管理局（ANDRA）负责管理。处置场位于巴黎东南 200 km 奥布省和上马恩省交界处的苏莱纳斯，因此又称苏莱纳斯处置场。

奥布处置场占地约 100 hm^2，其中真正用于处置废物的约为 30 hm^2，处置场的设计容量为 1 000 000 m^3。处置场于 1991 年年底建成，经授权于 1992 年 1 月接收第一批废物，到 1997 年年底为止，共处置废物 75 700 m^3。

奥布处置场建在树木丛生的丘陵地带，地表覆盖着一层厚厚的透水性很差的黏土，下面是一层透水的砂土。处置场采用有工程屏障的全地上式结构，如图 8-6 所示。根据设计，处置场共建造 420 个处置单元，每个处置单元的长和宽都是 20 m、高 8 m，每个处置单元平均处置 2 200 m^3 的废物。处置单元分行排布，每一行有多个处置单元，行与行之间间隔约 25 m。

图 8-6　奥布处置场俯瞰图

处置单元是钢筋混凝土结构，下面设有用于收集入渗水的地下集水管网。处置场运行时，通过遥控处置单元上部的天车运输废物桶并给其定位（图 8-7），为了避免处置单元未装满时遭受雨淋，还专门设计了防雨的活动屋顶。

图 8-7　奥布处置场处置单元结构

根据所处置废物的包装容器可将处置单元分为两类，一类用来处置耐久性好的包装容器，如混凝土包装容器包装的废物体，这类处置单元装满后用砾石作为缓冲/回填材料；另一类用来处置耐久性稍差的包装容器，如钢桶包装的废物体，这类处置单元装满后用水泥浆作为缓冲/回填材料。根据处置单元顶部天车的起重能力不同，又可把处置单元分作三类，其顶部天车的起重能力分别 3 t、10 t 和 35 t。

处置单元装满后，为减少地表水入渗和防止生物侵扰，要对处置单元进行覆盖。整个处置库装满后，还要铺设有多层结构的顶盖，以提高处置设施的安全性。

处置场运行期间和关闭后都还要进行监护。监测结果表明，在奥布处置场运行的 5 年时间内，工作人员所受的剂量远小于监管机构规定的限值，处置场周围的环境剂量也没有明显增加。这充分说明，奥布处置场是安全的，同时也说明近地表浅埋处置技术是一种安全可靠的低、中放废物处置技术。

8.2.1.4　低、中放废物的岩洞处置

（1）概述

废物近地表岩洞处置是指废物在地表以下不同深度、不同地质建造和不同类型的岩洞（废矿井、现有人工洞室、天然洞穴、专门为处置废物而挖掘的岩洞）中的处置。

低、中放废物的近地表岩洞处置一般是将放射性废物处置在埋深几十米的岩洞中。

根据岩洞的来源不同，可将岩洞处置分为在专门为处置开挖的岩洞中的处置和在现有岩洞中的处置两种。其中在现有岩洞中的处置，目前主要是利用废矿井，故又称废矿井处

置。废矿井型岩洞处置库的主要优势在于：①在采矿期间开挖的一些巷道，可以为处置库所利用，即处置空间是现成的。此外采矿期间的一些设备及设施，也可以为处置库所利用，这可大大降低处置库的选址和建造费用。②采矿期间积累的一些经验，如围岩的地质学、水文学数据，可以为处置库提供借鉴，因此可减少一些选址费用。其不足之处是矿井是从采矿角度设计的，且在开采过程中地质环境已遭受不同程度的破坏，或者是增加了新的与地表联系的通道，这对处置安全是不利的。

专门为处置开挖的岩洞，虽然要耗费大量的选址和建造费用，但由于可根据废物特征和处置容量来选择适宜的处置层和开挖过程中对地质环境的破坏较废矿井型岩洞处置库要小，因此处置的安全性较高。目前，专门为处置开挖的岩洞主要有隧道式、窑室式、筒仓式、深井式和竖井式 5 种形式，如图 8-8 所示。

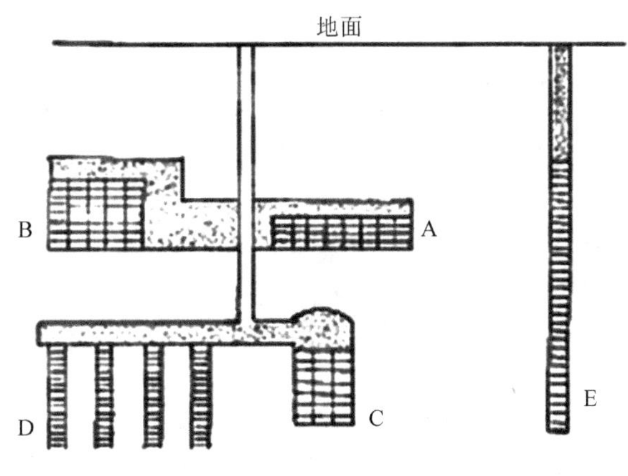

图 8-8 常用的岩洞处置形式

A—隧道方式；B—窑室形式；C—筒仓形式；D—深井形式；E—竖井形式

由于岩洞处置的处置单元之上有相当厚的覆盖层，因此放射性废物与人类环境的隔离程度较浅埋处置好，处置场关闭后受地表现象和人类活动影响的可能性较小。另外，由于岩洞处置的处置设施全部在岩洞中，地面只有辅助设施，占地面积小，这对国土面积小、人口稠密，或者是多山的国家或地区是非常适用的。其缺点是处置库建造和运行都较浅埋处置复杂，当然由此引起的建造和运行费用也较高。但关闭后的维护工作量则要较浅埋处置少得多。

由于岩洞处置库的结构复杂，且建造过程中开挖工作量较大，为保证处置库的长期安全，在选址过程中要特别加强对处置库围岩工程地质性质的研究。此外虽然岩洞处置主要是利用天然屏障来保证废物与人类环境的长期隔离，但为了提高处置的安全性，许多岩洞处置库也都建造了人工屏障系统。

（2）低、中放废物近地表岩洞处置实例

瑞典的 Forsmark 处置库是专门为处置开挖的低、中放废物近地表岩洞处置的典型代表，下面介绍其概况。

Forsmark 处置库位于瑞典首都斯德哥尔摩以北约 150 km 的 Forsmark 核电站附近、波罗的海下约 60 m 深处的片麻岩一花岗岩中，周围发育有伟晶岩脉，此处海水深约 5 m，处置库由瑞典核燃料和废物管理公司（SKB）负责管理。

Forsmark 处置库采用隧道式和筒仓式相结合的结构，处置设施主要由 4 个处置巷道、1 个立式筒仓、1 个地下服务设施和运输巷道组成，如图 8-9 所示。当前处置容量是 60 000 m^3，远期处置容量是 90 000 m^3。

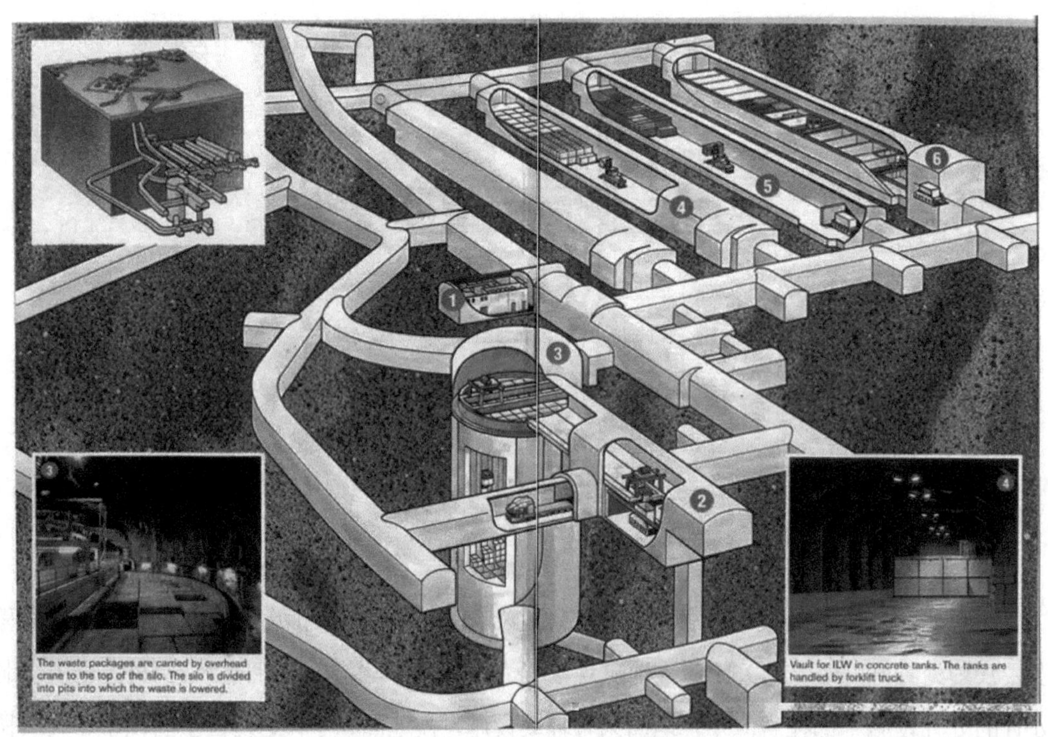

图 8-9　Forsmark 岩洞处置库结构示意图

1—控制室；2—桥式吊车；3—筒仓；4—BTF 处置巷道；5—BLA 处置巷道；6—BMA 处置巷道

4 个处置巷道和立式筒仓都由混凝土建造而成。4 个处置巷道分别命名为 BMA、BLA 和两个 BTF，其中 BMA 长 160 m、宽 19.5 m、高 16.5 m。BMA 内部被分成 17 个处置单元，主要用于处置表面剂量率小于 30 mSv/h 的中放废物，废物包通过位于巷道顶上的桥式吊车遥控定位；BLA 长 160 m、宽 15 m、高 12.5 m，主要用来处置低放废物，废物包通过叉车运输和定位；两个 BTF 的结构相同，其长为 160 m、宽 14.8 m、高 9.5 m，主要用来处置混凝土包装的中放废物，同 BLA 一样，也是通过叉车进行废物包的运输和定位。4 个处置巷道和围岩之间都留有一定间隔，处置巷道装满后，混凝土壁和围岩之间要用膨润土回填。此外，BMA 中的每个处置单元装满后，单元上面都要覆盖混凝土板，整个 BMA 装满后，还要对处置单元之间的空间进行回填并对整个 BMA 进行覆盖。

Forsmark 处置库中的立式筒仓高约 70 m、直径 30 m、筒仓壁厚 0.9 m，筒仓壁和围岩之间距离 1.3 m，处置部分高 53 m、直径 27.5 m。筒仓被分成 79 个处置单元，其中 52 个处置单元的平面尺寸为 2.5 m×2.5 m，其余处置单元的尺寸为 1.25 m×2.5 m。筒仓主要用来处置活度较高的中放废物，废物包通过位于筒仓顶上的桥式吊车来定位。筒仓中的每个处置单元装满后，都要加混凝土盖板。

处置库通过两个斜井与地表相连，两个斜井中一个用来运输废物，另一个用来运输人员、材料和设备。两个斜井都设有渗析水收集系统。此外在处置库地表还建有通风装置。

Forsmark 处置库从 1988 年开始接收废物。根据设计，处置库当前的接收能力为 6 000 m^3/a，截至 1997 年年底，共接收各种低、中放废物 22 847 m^3。监测结果表明，由于采用遥控操作，运行期间工作人员的受照剂量远小于审管部门规定的限值，而且也没有发现放射性向环境释放。这说明 Forsmark 处置库能满足放射性废物处置的安全要求，同时也说明这种处置技术是成熟的。

8.2.2 低、中放废物的其他处置方式

8.2.2.1 地质处置

少数国家出于安全或其他方面的考虑，对低、中放废物也采用地质处置。比如德国的 Konrad、Asse 处置库，英国计划建造的 NIREX 处置库等都属于低、中放废物地质处置库。低、中放废物地质处置库有的是在废矿井基础上改建的，如德国的 Konrad、Asse 处置库等就属于这种类型，有的是专门建造的，如英国的 NIREX 处置库，还有的是将低、中放废物和高放废物结合起来考虑，即利用高放废物地质处置库来处置低、中放废物。

由于地质处置库都建造在地下，且上面有一定厚度的覆盖层（一般大于几十米，有的甚至数百米），因此与近地表处置相比，更多的是利用天然屏障来阻滞核素向环境的释放，

再加上人工屏障的作用，其安全性一般要高于近地表处置。

由于地质处置库都位于地表较深处，除处置单元外，还要建造废物和人员运输设施、通风设施，此外处置库的建造开挖也要耗费大量的人力和财力，因此处置费用要高于近地表处置。

8.2.2.2 水力压裂处置

水力压裂处置是将中、低放废液与水泥浆混合后高压注入预先由爆破或其他方法产生裂隙的岩石中，让含有放射性的水泥浆直接固化在地下岩石中，从而达到处置放射性废物的目的。

美国于 1959—1960 年在橡树岭进行了低放废液的第一次水力压裂试验。1966—1979 年，采用此方法共实验性地向地下 200～300 m 的页岩层中注入了 8 800 m^3 的低放废液水泥浆，放射性总活度为 2.37×10^{17} Bq。1982—1984 年运行期间应用这种方法发生过井下事故和地下水污染，现已停止处置作业。

我国从 20 世纪 80 年代初开始研究这种处置方式，并在核工业某后处理厂周围的页岩层中进行了一系列的实验，并应用该方式处置了部分废液。

8.2.3 低、中放废物处置场的管理

放射性废物最终处置场的管理包括处置场的运行、关闭以及关闭后的监护、维护等。低、中放废物近地表处置在几十年的发展过程中，在管理方面积累了丰富的经验，较其他几类废物处置场的管理相对成熟。下面分阶段介绍低、中放废物处置场所涉及的管理活动。

8.2.3.1 运行期间放射性废物最终处置场的管理

运行期间，放射性废物最终处置场的管理活动主要包括：

①废物包的接收，包括对废物产生单位所提供的申报单进行审核、记录，对废物包进行检验，对所接收废物包进行记录等；

②废物包的定位，包括通过计算机管理系统和适当的吊运工具进行废物包最终定位并记录其位置等；

③处置单元的回填、覆盖，包括处置单元装满后，对废物包之间的空隙进行回填，对整个处置单元进行覆盖、回填以及对回填结果进行检查；

④监测，可分为剂量监测和环境监测，其中剂量监测对象主要是操作人员和管理人员，环境监测对象包括处置场及其外环境的土壤、水（包括处置库渗析水、地下水、地表水）、

动植物、粮食作物等介质中的核素浓度。

随着计算机技术的飞速发展，如今许多处置场都建立了计算机管理系统，图 8-10 和图 8-11 分别是我国广东北龙低、中放废物处置场计算机管理系统的示意图和处理流程示意图。

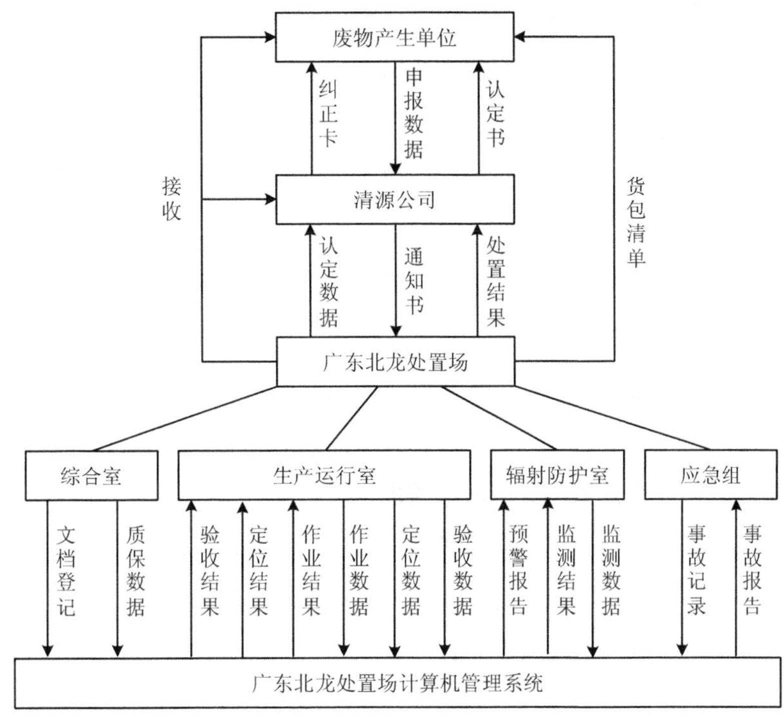

图 8-10 北龙处置场计算机管理系统示意

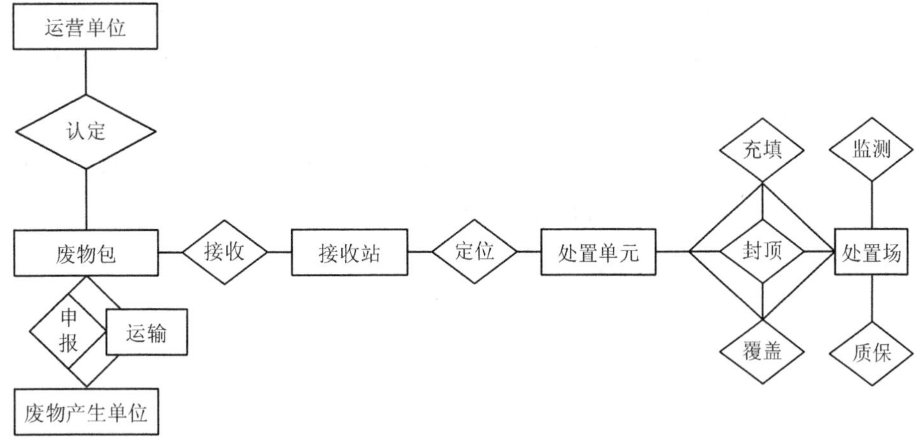

图 8-11 北龙处置场废物处理流程示意

8.2.3.2　放射性废物最终处置场关闭期间的管理活动

放射性废物最终处置场关闭期间的管理活动主要有：

①将处置库的所有剩余空间和通道加以回填，并进行永久性封闭（对岩洞处置而言，是对所有进出通道进行永久性封闭）。

②对整个处置区进行覆盖和建造防水顶盖系统、完善防排水系统、植被以及对覆盖效果进行检查等。

③地表辅助设施的退役，包括对污染的地表进行清污，对辅助建筑物和设备进行去污和拆除，在处置场边界设立明显的永久性标志、标牌。

④补救行动，是指在出现异常工况的情况下，要在监测的基础上采取清污、去污、固定、覆盖等补救措施，把影响限制在尽可能小的范围内。

⑤记录保存，处置场关闭后，运营单位应提交详细的描述设施关闭情况的报告，整理并上交选址、设计、建造、试运行、运行和关闭操作的所有文件资料。

8.2.3.3　放射性废物最终处置场关闭后的管理

处置场关闭后的管理可分为主动监护和被动监护两种。

主动监护是指处置场关闭后，对处置场及其周围环境进行监测，对处置设施进行监管和维修。主动监护所涉及的活动主要包括：

①放射性监测和常规监测，以证明不存在重大的放射性影响并证实安全评价的结果。

②处置设施系统参数的测定，以证实隔离系统具有预期的性能。所涉及的监测对象主要有处置库浸出液和排水、地下水、地表水、空气、土壤以及植物系和动物系。所涉及的处置设施主要有覆盖层和周围环境情况、可能发生浸泡的浸泡液收集系统、排水系统、场址边界、防止无意闯入的标志以及监测设备等。主动监护期的长短要由审管部门根据处置库的具体情况而定。

被动监护的主要任务是使公众了解处置场区的情况和对处置场区土地使用方式和使用时间限制方面的规定和常识，维护处置场标志、标牌的完好。被动监护应在主动监护期结束以前开始，并一直延续到主动监护期结束以后。

8.3 高放废物的处置

8.3.1 概述

高放废物和 α 废物由于其强放射性、高毒性和长寿命，需要长时间与人类环境隔离（不能少于 1 万年），也是由于这一点，高放废物和 α 废物的处置要比低、中放废物处置的技术难度大得多，涉及的因素也明显多于低、中放废物的处置，因此也是目前废物处置方面研究的热点和难点。由于技术和公众态度问题，目前世界上还没有一个国家批准了高放废物处置库的场址，对于 α 废物，目前也只有美国的 WIPP（废物隔离厂）开始接收废物。

随着技术的发展和认识的提高，多种高放废物处置方案先后被提出，如地质处置、深钻孔处置、海床处置、宇宙处置和核嬗变——分离处理等。目前，研究较多并得到普遍认可的处置方式是地质处置。

8.3.2 高放废物的地质处置系统

高放废物的地质处置，是指在几百米到上千米深的稳定地层中，采用工程屏障和天然屏障将长寿命废物和高放废物与人类生存环境隔离，其基本指导思想是多重屏障原理。

高放废物地质处置的多重屏障包括废物固化体、包装桶、缓冲/回填材料、处置介质和周围环境。这些屏障彼此互补可以达到如下目的：

①限制地下水接近废物包。

②限制废物体溶解和放射性核素迁移。

③限制放射性核素通过地球化学过程而迁移。

④在一段时间内实现完全隔离，随后以限制的速率释放。

围岩是高放废物处置系统的一道重要天然屏障，只有满足下列基本条件的岩石才有可能作为高放废物处置的围岩：①岩石的矿物组成和化学成分、物理特征应能有效地滞留放射性核素。②岩石的水力学特征应有利于阻滞或隔离地下水对处置单元的浸泡。③岩石的力学性质应有利于处置库的施工建设和运行安全。④岩石的导热性能良好，在处置库温度条件下岩石水力学、力学性质、化学成分保持基本稳定。

事实上，适宜作高放废物处置围岩的岩石并不多，一些国家在对不同岩石进行研究后，选择了适合本国国情的围岩，如加拿大、瑞典、瑞士、芬兰等国家选择的是花岗岩，美国选择的是凝灰岩，德国、荷兰等国家选择的是盐岩，比利时、意大利等国家选择的是黏土岩。我国从20世纪80年代研究高放废物地质处置以来，也在全国范围内对处置库围岩和场址进行了筛选，目前研究较多的是甘肃北山地区的花岗岩岩体。

高放废物处置不但对围岩有特殊要求，对场址环境也有特殊要求，地质处置库场址至少应该满足下列条件：

①场址应位于地质稳定、地应力和地震烈度小的地区。

②场址应位于渗透性很低的岩石中，或是干燥的，或其中仅有非常慢的地下水流动。

③场址处围岩分布有一定的深度和广度，处置层应位于足够深处，以保护废物不受无意闯入和极不寻常情况下的故意闯入。

④在可预计的时间范围内，不会受到重大地表现象的影响。

⑤处置场应远离人口稠密区。

⑥应位于在可预期的未来没有或很少有经济价值的地区。

除围岩、地质结构等天然屏障外，缓冲/回填材料等人工屏障在阻滞放射性核素从处置库中释放也起着不可替代的作用，适用于高放废物处置的缓冲/回填材料必须满足下列基本要求，即低渗透性、良好的热传导能力、强阻滞放射性核素性能、优良的土力学性能及显著截留腐蚀性物质和腐蚀产物能力。当前得到普遍认可的缓冲材料是膨润土。

8.3.3 高放废物地质处置的性能评价研究

由于高放废物处置所涉及的因素多、时间跨度大，因而处置的安全性及其对人类和环境的影响就显得尤为重要。当前高放废物地质处置安全研究的方法主要是地下实验室研究和天然类比研究。

为了能在与深部地质处置相似条件下研究高放废物地质处置的可行性，并取得实际处置所需的技术和经验，在预定采用的某种岩石深处建造的地下模拟处置研究设施，称为高放废物地质处置地下研究实验室，简称地下实验室。地下实验室是高放废物地质处置研究重要的、不可缺少的研究设施。

目前国际上已建成和在建的主要地下实验室列于表8-2，这些地下实验室从用途上主要分为两类，一类是单纯用于研究的地下实验室，即一般性高放废物地质处置地下实验室，这在当前已建造或在建的地下实验室中占多数，如加拿大的地下实验室（图8-12）、瑞典的 Stripa 和 Aspo 地下实验室等；另一类是在地下实验研究结束后，用来处置高放废物或 α 废物，即针对特定场址的地下实验室，如美国的 WIPP、比利时的莫尔地下实验室等。

表 8-2 主要地下实验室概览

名称	围岩类型	类型	深度/m	开始运行时间
Asse，德国	盐岩	一般实验室	800	1986 年
URL，加拿大	花岗岩	一般实验室	240～420	1984 年
Tono，日本	沉积岩	一般实验室	127	1986 年
Kamaishi，日本	花岗岩	一般实验室		1998 年
Stripa，瑞典	花岗岩	一般实验室	360～410	1976—1992 年
Aspo，瑞典	花岗岩	一般实验室	<460	1990 年开始建造
Mt. Terri，瑞士	黏土岩	一般实验室	400	1995 年
Tournemire，法国	黏土岩	一般实验室	250	1990 年
Mol，比利时	塑性黏土	特定实验室	230	1984 年
Olkilunto，芬兰	花岗岩	特定实验室	60～100	1992 年
Gorleben，德国	盐岩	特定实验室	>900	1985 年开始建造
WIPP，美国	盐岩	特定实验室	650	1982 年

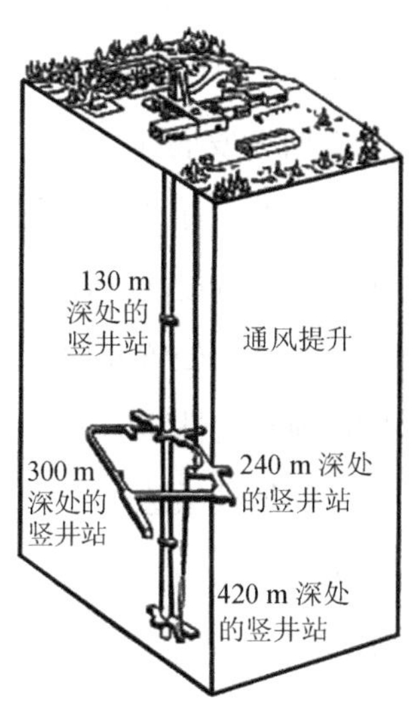

图 8-12 加拿大的地下实验室

建造地下实验室的目的主要是：

①研究某种围岩安全处置高放废物的可行性，取得有关技术参数。

②实验研究高放废物处置技术及其他相关技术，如研究处置库开挖、建造、回填、密封等技术，取得建造处置库的经验。

③部分验证实验室研究结果。

④为建立处置库性能评价模式提供基础数据，并对模式进行验证。

当前地下实验室所涉及的研究内容主要有：

①深部围岩的岩性、地质结构及工程地质性质研究。

②处置库的水文地质特性研究。

③处置库的开挖、建造、封闭技术研究。

④处置条件下，围岩、缓冲/回填材料及其他工程屏障材料力学、地球化学性质以及废物与工程屏障材料之间的相互作用研究。

⑤处置条件下核素的迁移及模式化研究。

8.3.4 我国的高放废物地质处置研究

我国的高放废物地质处置研究始于 20 世纪 80 年代中期，当时的核工业部（现为中核集团公司）制订了“中国高放废物深地质处置研究发展计划”，并组织有关单位成立了中国高放废物地质处置研究协调组，协调组有 4 个成员单位，分别是核工业北京地质研究院、核工业北京工程设计研究院、中国原子能科学研究院和中国辐射防护研究院。

根据“中国高放废物深地质处置研究发展计划”，我国的高放废物地质处置研究包括选址、处置库设计、处置库建造和处置库运行 4 个阶段，预计在 2040 年左右建成我国的高放废物地质处置库并开始接收废物。协调组成立以来开展的主要工作包括：

①全国范围内的高放废物处置库场址和处置介质筛选。

②甘肃北山地区花岗岩岩体的地质稳定性研究。

③高放废物地质处置地下实验室的场址预选。

④缓冲/回填材料的筛选及其特性研究。

⑤高放废物地质处置中的化学问题。

⑥高放废物地质处置的性能评价方法研究。

到目前为止，我国的高放废物地质处置研究已走过了将近 20 年的历程，在这期间虽然进行了大量的研究工作，取得了一定的成果，如初步选定了花岗岩作为我国高放废物处置的处置介质、选择内蒙高庙子膨润土作为缓冲/回填材料、对甘肃北山地区的花岗岩进行了初步研究等，但距实现高放废物处置还有大量的工作要做。

8.4 铀矿冶废物的处置

铀矿开采和冶炼过程中会产生大量的含铀、镭和其他天然放射性核素的废矿石和水冶尾矿等固体放射性废物，这类废物的特点是数量大，比活度低但含有半衰期很长的天然放射性核素，氡析出率高以及含有酸、碱等化学物质。鉴于铀地勘和矿冶废物的上述特征，对其处置应不同于为其他放射性废物处置所制定的处置框架。然而，正是由于铀地勘和矿冶废物的这些特征，所以其处理又必须受审管部门的控制。

处置铀地勘和矿冶废物的目的主要是：①尽可能地降低氡析出率。②避免尾砂粉尘污染周围环境。③减少有害组分进入地下水和地表水。④确保铀尾矿库的长期稳定。理论上，应将铀地勘和矿冶废物处置在地表下适当深度处，以保证所需的隔离程度。

铀地勘和矿冶废物的处置包括铀矿废石处置和铀矿冶尾砂处置两部分。

8.4.1 铀矿废石处置

铀矿废石处置方法主要是覆盖。覆盖方法适于山沟废石场和平地废石场。覆盖程序如下：

①将待处置的废石堆进行清理：修边坡，使其边坡角小于 6%，大于该值时应砌筑拦石坝，防止废石下滑。

②废石场底部砌筑挡石墙和集水沟，防止滑坡和废水乱流。

③在废石场周围设防洪沟，将雨水引至废石场外排放。

④覆盖，是废石处置的关键程序，应根据覆盖试验结果决定覆盖厚度及覆盖材料，确保覆盖后的氡析出率低于国家规定的 0.74 Bq/（$m^2 \cdot s$）的标准。

⑤植被。

⑥辐射监测及长期监护管理。

8.4.2 铀尾矿处置

经过水冶后的尾砂含有镭和少量的铀，尾砂粒度一般为 0.074～0.5 mm，经风吹雨淋尾砂很容易扩散转移到其他地区，造成环境污染，所以，尾砂处置是铀矿冶退役治理中非常重要的内容之一。

尾砂的处置方法有：

（1）尾砂制砖

用尾砂砖砌筑的房屋γ剂量率为（100～380）× 10^{-8} Gy/h，氡浓度为 0.17～0.3 Bq/L，均比天然本底高出数倍，美国某镇采用尾砂做建筑材料，室内氡浓度为 0.74 Bq/L，为背景值的 9 倍，显然选择这种处置方式时要非常谨慎。

（2）尾砂充填矿井采空区

在矿井地质条件合适且不污染地下水时可以利用尾砂充填矿井采空区。由于技术条件的限制，目前尚未利用全尾砂充填矿井，试验表明，只能利用全尾砂的 40%～60%充填矿井采空区。

（3）尾矿库就地处置

鉴于大多数水冶厂的尾砂量都非常庞大，因此目前最常用的方法是尾矿库就地覆盖、植被处置，图 8-13 是某水冶厂尾矿库处置系统示意图。

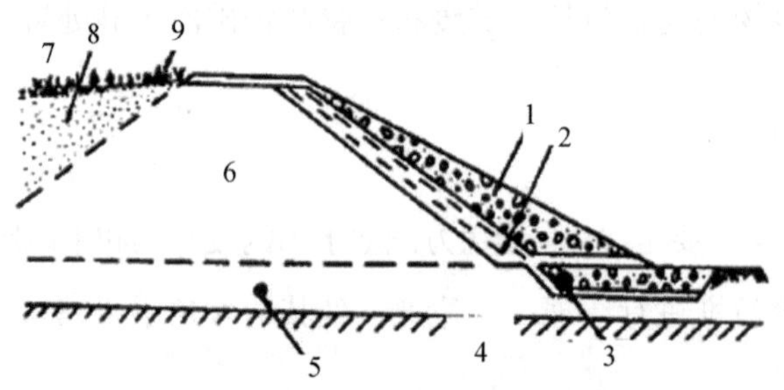

图 8-13　铀尾矿库处置系统示意

1—碎石、混凝土护坡；2—防渗漏填料；3—排水系统；4—不透水层；

5—排水口；6—不透水堤坝；7—尾矿库；8—覆盖层；9—植被

尾矿库就地处置尾砂的处置程序与废石覆盖大同小异，主要包括以下几个步骤：

①固砂。尾砂筑坝堆放到一定高度后，按梯段进行固砂处理，设置排洪沟，防止塌陷和垮坝。

②覆盖。是尾砂处置的关键程序，应根据覆盖试验结果决定覆盖厚度及覆盖材料，确保覆盖后的氡析出率低于国家规定的 0.74 Bq/（m^2·s）的标准；常用的覆盖材料有黄土、

亚黏土、碎石，应按设计的先后顺序及各层的厚度进行覆盖，保证覆盖效果。

③植被。

④进行坝体的稳定性分析。

⑤设立永久性标志。

⑥监测及长期监护管理。

实践证明，覆盖、植被处置后尾矿库的氡析出率和 γ 剂量率都大大降低，效果显著。但是，从长远来看，采用尾砂充填采空区和地下化学采矿方法，使尾砂或废渣留在矿井下是最佳的方法。世界上一些发达国家吸取了铀矿生产初期不够重视尾砂处置的教训后逐渐完善和严格了对尾砂的处理处置方法。美国推广下挖式尾矿库，避免高堆和大面积的在空气中暴露，为了防止对地下水的污染，强调新建尾矿库必须在库底铺设防水层，防止尾砂水渗漏入地下；法国和加拿大强调优先考虑尾砂充填采空区。

8.5 极低放废物的处置

极低放废物是指放射性污染水平超过审管机构规定的清洁解控水平，但污染水平又相对较低的放射性废物。对于这类废物，一方面，由于其属于放射性废物，故应对其进行控制管理；另一方面，由于其污染水平相对较低，如果按照低、中放废物的处置要求来处置，会使废物管理成本非常高。比如在核设施退役过程中，就会产生大量的极低放废物，如果按照低、中放废物对待，对其进行整备、包装，最后再运往处置场，那么不但要耗费大量的人力、财力、物力，而且还会增加处置场的压力，其代价－效益比很不合理。

当前，极低放废物的处置方式主要是在其集中产生地建造填埋场，对其进行最终处置。与低、中放废物处置场不同的是，极低放废物填埋场一般不建造处置单元，也不要求对废物进行严格包装。除此以外，极低放废物浅埋处置场与低、中放废物浅埋处置场的基本要求是一致的，如在场址选择上，要求区域地质条件稳定、水文地质条件相对简单、地球化学条件有利于阻滞核素等；在工程屏障要求上，极低放废物浅埋处置场也要求建造覆盖层等工程屏障。

图 8-14 是一个极低放废物填埋场结构示意图，其处置对象是我国某核设施退役过程中产生的极低放废物。处置场的围岩是第三系红色碎屑岩，碎屑岩由砾石、砂砾岩、砂岩、

砂质泥岩、泥岩组成，一般含泥质成分较高，属泥质胶结。

场址周围地下水贫乏，水文地质条件简单，各类岩层的含水性和涌水性差，地下水径流、交替缓慢。工程地质条件较稳定，有利于处置场建造。

为了防渗和阻滞核素迁移，在处置场的填埋坑底部铺设了 0.5 m 厚的压实黏土，坑的四壁铺设了 0.3 m 厚的夯实黏土层，在废物放置过程中，还对废物层进行了碾压夯实。填埋坑装满后，又对整个填埋坑进行了覆盖，覆盖层结构详见图 8-14。

该极低放废物处置场从实施处置到目前已经好几年了，监测结果表明，该处置场是安全的。

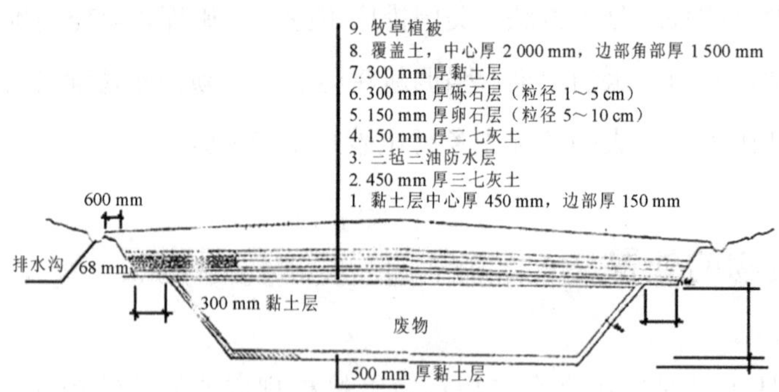

图 8-14　极低放废物填埋场结构示意

8.6　放射性废物处置的公众信心建立

8.6.1　概述

放射性废物处置特别是高放废物及α废物处置场地的选择历来是一个非常敏感的话题，一些地质、社会经济条件非常理想的场址就是因为地方政府和当地居民的反对而被否决，这称为“不要放在我的后院”现象。这在某种程度上阻碍了放射性废物处置工作的进展，比如匈牙利失败的低、中放废物处置设施选址尝试以及美国放弃的第二个高放废物处置库选址过程等都说明了这一点。我国也有人在报纸上发表文章，对我国的放射性废物管理以及我国的能源政策提出质疑。

公众之所以反对在自己的居住环境附近建造放射性废物处置场，一方面是出于对放射性特别是强放射性和高毒性废物的惧怕，由此造成对所有放射性的警惕性都特别高；另一方面是对废物处置技术安全性的不了解和担心。针对上述情况，近年来一些国家和国际组织在公众信心建立方面作了大量的努力，以期望通过公众参与让公众和地方政府了解实现废物安全处置的社会和经济意义以及废物处置技术的安全性，提高公众对废物安全处置的信心。

当前，放射性废物处置方面公众参与的主要形式有：通过大众传媒宣传放射性废物处置的安全性、建立公众信息中心、通过专家讲课提高公众对放射性废物处置安全性的认识和消除对废物处置的某些误解、进行天然类比研究并以此验证废物处置的安全性、举行公众听证来宣传废物处置的安全性和环境经济效益以及组织公众参观处置场并观看处置过程等。

近年来，一些国家特别是一些反核势力比较强的国家已经在公众信心建立方面作了大量卓有成效的工作，如加拿大、英国、瑞典、美国等在这方面的经验就可以借鉴。当前，我国高放废物地质处置研究正处于起步阶段，这方面的矛盾并不是很突出，但随着选址工作的进展以及公众环境意识的提高，今后也必不可少地要面临这方面的问题，因此及早加强这方面的工作就显得非常必要。近期就有专家提出要及早通过报纸、电视、互联网等多种大众传媒方式，宣传我国放射性废物处置的政策、原则以及处置技术的安全性等一系列问题，以消除部分公众的担忧和误解。

8.6.2 类比研究

类比研究可以从侧面说明放射性废物处置的安全性能，因此近年来在放射性废物处置公众信心建立方面的作用越来越受到重视。

8.6.2.1 低、中放废物处置的类比研究

许多国家都进行过这方面的研究，下面着重介绍我国在古墓葬与低、中放废物近地表浅埋处置方面的类比研究成果。

中国辐射防护研究院在早期开展放射性废物处置研究时将类比研究作为论证处置系统安全性的一项重要研究内容，经过仔细调查和慎重筛选，最终选定将保持完好的古墓葬作为近地表浅埋处置库的类似物进行类比研究。之所以选择古墓葬是因为古墓葬和近地表浅埋设施在结构、所要求的水文地质条件、设计原理和施工方法等方面都具有相似之处。

研究结果显示，我国的一些古墓葬在经历了数百甚至上千年的变迁后，其墓室结构仍

保持完整，墓内的一些陪葬物也还基本保持完好，这说明这些古墓葬的环境条件及结构非常有利于保持墓室内的物品及墓葬结构免受自然条件的破坏。

由于这些古墓葬已经有成百上千年的历史，而对于低、中放废物处置设施而言，一般只要求有300～500年的有效期，因此该研究结果对低、中放废物处置设施的选址及设计有直接的借鉴意义，同时也说明适宜的低、中放废物处置库在预计的时间内完全有能力限制核素向环境的释放，其安全性是有保证的。对古墓葬的回填材料或密封材料的测试表明，古墓葬的回填材料或密封材料不但具有良好的工程特性，有利于减少地表水体的渗入，而且具有良好的阻滞核素迁移能力，这对低放废物处置设施的回填材料选择也具有指导意义。

总之，通过对古墓葬的系统研究，增强了对低、中放废物近地表浅埋处置安全性的信心，同时也对处置设施的选址和设计有参考意义。

8.6.2.2 高放废物和α废物处置的天然类比研究

前面已经提到，高放废物和α废物处置需要废物与人类环境隔离数万年，如何用比较直观的事实来说明在如此长的时间跨度内处置库的安全性和稳定性是一个非常棘手的问题，天然类比研究在解决这一问题上扮演了重要角色，关于高放废物处置安全性的天然类比研究已越来越受到重视。

高放废物地质处置的天然类比研究是研究与地质处置高放废物类似的天然现象及天然或人造物质经过漫长历史年代之后的变化，并以此来判断类似材料或类似技术是否适宜于高放废物的处置。通常认为，天然类比研究能起到下列积极作用：

①检验某些工程屏障的有效性。

②预测处置库中放射性核素的实际迁移特征，为安全评价提供参考资料，有助于在高放废物安全处置方面的信心建立。

③验证某些实验研究结果。

目前研究较多的地质处置库的天然类似物是铀、钍矿，铀、钍矿之所以被看作是地质处置库的天然类似物是因为：

①在地下所处的地球化学环境（压力、温度、pH、Eh等）可类比。

②具有较大的时间跨度。

③具有相似的地质、水文地质环境。

对西非加蓬共和国奥克洛（Oklo）天然反应堆的研究是地质处置天然类比研究的一

个典型例子。奥克洛是一个以沥青铀矿为主要铀矿物的铀矿床，经过地壳变迁，反应堆周围形成罕见富铀带。大约在 20 亿年前达到临界发生了链式裂变反应，持续了约 70 万年，产生了大量裂变核素和锕系元素。奥克洛地区发育高孔隙、高渗透性、含有丰富水分的黏土沉积层。但挖掘发现，锕系元素保留在围岩沥青铀矿中，同沥青铀矿结构不相容的元素扩散进周围岩石中。奥克洛天然反应堆产生的裂变核素和锕系元素在 20 亿年内仅仅迁移了几厘米到几米，这有力地证明了地质构造和沥青等介质可以安全隔离放射性废物。

除利用铀、钍矿研究地质结构的隔离性能外，高放废物的天然类比研究还有通过火山玻璃、陨石玻璃等研究高放废物固化体的稳定性及耐久性；通过黏土类矿床来研究高放废物处置的缓冲/回填材料的性能；通过出土金属文物，如青铜器等研究高放废物金属包装体的寿命等。

需要强调的是虽然天然类比有助于废物处置的安全性研究，帮助建立废物处置安全性的信心，但天然类比研究仅仅是处置安全研究的一部分，并不能替代实验研究及具体场址的性能评价工作。

第9章

退役废物管理

9.1 退役废物的来源

退役废物是由去污、核工厂设备及建筑物的拆除、污染场址区土壤及铺砌层的清除所产生的。

9.2 退役废物的分类

9.2.1 影响退役废物分类的因素

退役废物受一些能改变废物类型和数量的参数控制：

（1）一次废物和二次废物

一次废物是指建造核设施所用的材料，在退役过程中其产生量与建造时所用材料量相等，但属于放射性废物的数量将随着废物中放射性核素的比活度变化而变化。还必须考虑拆除工艺对一次废物的影响，因为发生交叉污染、放射性扩散和稀释都会使放射性含量发生变化。二次废物是由设施中一次废物污染而形成的，它们与拆卸工艺有着紧密的联系，其类别通常由放射性比活度来确定。二次废物包括用来拆卸设施时所用的材料、去污时产生的废液、固体废物、拆卸及切割工具、贮存及处置过程所产生的废物、拆卸机械及其辅助设备、通风及过滤系统。

（2）运行过程中的沾污材料

一般来说，所有核设施运行时都存在放射性沾污现象。沾污的程度决定了一次废物的类别。沾污材料的分类主要取决于拆卸下来材料的比活度，反过来，也影响拆卸工艺的选择，即要考虑采用合适的拆卸工艺和随之而来的废物处理、整备和包装工艺，这也决定了二次废物的产生量。

（3）放射性衰变与拆卸作业所需的时间

主要核素的半衰期在很大程度上决定着拆卸作业的时间，对反应堆来说，当把乏燃料移走后，如果将退役推迟一段时间后进行拆卸作业，就比用远距离拆卸要便宜得多。放射性的衰变会影响到废物的类别，而废物类别对于废物的处置和贮存费用以及操作的复杂性有着很大的影响。某些核素经衰变后可能从高放废物变成低放废物，而低放废物的处置费用就比高放废物处置低多了，有的甚至可衰变到豁免水平以下，那就可以不用处理了。

（4）退役方案

退役方案直接影响着退役废物的产生量及其类别。对任何核设施来讲，不同的退役方案导致最终状态也是不同的，在退役过程中产生的废物量及其类别也将有非常大的区别。具体的拆卸、去污等作业方法也会使废物产生量及其类别有所区别，例如手工清污与机械清污的最终废物量可能有较大区别。

（5）退役管理目标值或执行标准

实际上，这一因素对退役方案起着决定性的作用。当然，制约管理目标值的因素是相当复杂的，但无论如何，管理目标值将直接影响着退役废物的产生量及其类别，如果管理限值定得很严，那么将产生大量的低放或极低放废物，使退役周期延长并增加退役费用。反之，将会减少退役废物产生量，其退役周期将会缩短，退役经费将会减少。我国某元件加工厂一个车间退役时，采用了使绝大多数轻微污染物的放射性水平落在管理目标值之下的数值作为退役清除土壤的管理目标值，结果是退役废物产生量很少。

9.2.2 退役废物的分类

在实际操作中，退役废物分类除根据一些通用标准和导则（如我国的放射性废物分类标准或IAEA的出版物）外，往往是针对特定核设施的具体退役方案制定出适于该核设施的退役废物分类方法。在这方面的经验有：按材质分类、按需要整备或不需整备分类、按就地填埋处置或外运分类等。表9-1～表9-4给出了部分核设施退役废物的分类。

表9-1 退役废物按材质分类（温茨凯尔先进气冷堆退役废物）

材质	经12年衰变后废物类别	重量/t	平均比活度/（GBq/t）	总活度/（TBq）
软钢	LLW	200	4.00×10^{-1}	7.99×10^{-2}
	ILW	533	3.19×10^{3}	1.70×10^{3}
不锈钢	LLW	18	5.23×10^{-2}	9.41×10^{-4}
	ILW	29	5.38×10^{4}	1.56×10^{3}
石墨	LLW	73	5.92×10^{-1}	4.32×10^{-2}
	ILW	210	1.94×10^{2}	40.70

材质	经 12 年衰变后废物类别	重量/t	平均比活度/（GBq/t）	总活度/（TBq）
绝缘材料	LLW	10	1.81	1.81×10^{-1}
	ILW	9	21.60	1.94×10^{-1}
混凝土	极低	1 911	2.46×10^{-3}	4.71×10^{-3}
	LLW	1 297	1.10	1.43
	ILW	302	36.60	11.10
总计				3.30×10^{3}

表 9-2 退役废物按材质分类（比利时德塞尔中间后处理厂退役过程产生的废物）

废物材质		废物类别	处置方法	数量	单位
一次废物	金属	LLW	深地质处置	230	mg
	混凝土	LLW	深地质处置	30	mg
	特种废物	LLW	深地质处置	12	m^3
	金属	LLW	近地表处置	1 095	mg
	混凝土	LLW	近地表处置	3 235	mg
	木材	LLW	近地表处置	45	m^3
	其他	LLW	近地表处置	35	t
	硅胶	LLW	近地表处置	0.1	m^3
二次废物	低水平废液	液体		4 008	m^3
	中、低水平废液	液体		14 171	m^3
	可燃废物	LLW	近地表处置	903	m^3
	可压实废物				
	预过滤器	LLW	近地表处置	7 488	
	绝对过滤器	LLW	近地表处置	2 924	

表 9-3 退役废物按是否外运分类（我国某核电基地退役废物）

废物去向	就地填埋	外运
污染核素	^{238}U	^{226}Ra、^{239}Pa
总活度/Bq	1.47×10^{10}	0.18×10^{10}
体积/m^3	5 487	约 35
重量/t	10 354	66.5

表 9-4　我国某镭厂各类退役废物分类

废物类别	体积占比/%	重量占比/%	放射性占比/%	比活度/（Bq/kg）	α 核素比活度/（Bq/kg）
轻微污染废物	98.34	97.64	0.39	9.96×10^{2}	
低、中放废物	1.17	1.94	56.00	7.22×10^{6}	1.50×10^{6}
长寿命 α 废物	0.21	0.21	26.40	3.19×10^{7}	8.24×10^{6}
废源			9.63		
尾矿渣	0.28	0.21	7.58	9.00×10^{6}	1.74×10^{6}

9.3　退役废物的整备

9.3.1　影响整备技术选择的因素

首先，退役过程中产生的放射性废物主要是固体废物，还有少量的液体废物。固体废物有管线、钢筋、框架、槽池、各种部件及支撑件、电缆、绝缘和保温材料、混凝土及碎石等；液体废物主要是在去污操作中产生的。所以选择合适的整备技术很大程度上取决于废物本身的物理和化学性质及放射性活度。

其次，退役废物的去向也会影响整备技术的选择。退役材料有可能复用时，就要选择比较彻底的去污工艺，达到无害复用标准后就不需进行整备；而准备送处置场进行处置的废物，其整备后的固化产品必须符合处置要求。图 9-1 给出了退役废物处理流程。

最后，法规和费用常常是制约整备技术选择的重要因素。因为对核设施退役废物的管理是一个费用最优化的问题，包括最优化最终处置费用、临时贮存费用及废物的整备费用等。

9.3.2　主要整备技术

通常，核设施退役废物的处理方法与该设施运行过程中产生的废物的处理方法是基本相同的。图 9-2 给出了退役废物处理的工作步骤。

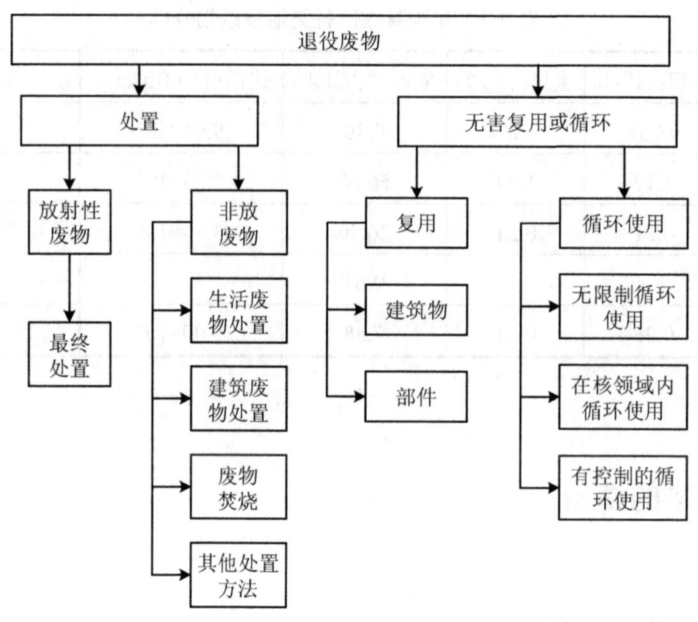

图 9-1　退役废物处理流程

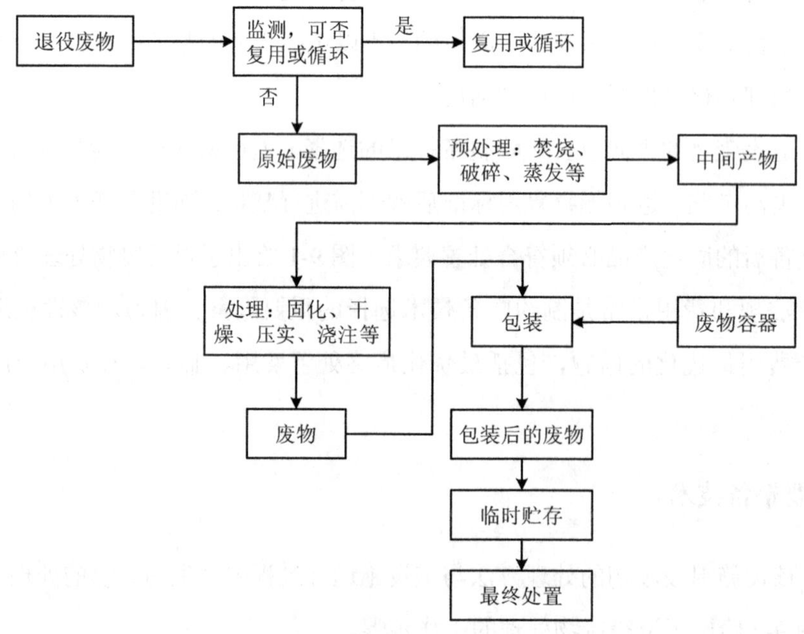

图 9-2　退役废物处理的工作步骤

（1）固体废物的整备

核设施退役废物中固体废物占 95%以上，所以对固体废物进行整备达到减容的目的是退役废物管理最有效的途径。目前已开发了多种减容技术，其中最常用的是焚烧和压缩或称为压实。目前市场上出现了压实效果更好的超级压实机，其压缩比很大。图 9-3 给出了废物减容的主要途径。

其他整备方法还有固化、固定、浇注、固封或包封等，其具体工艺流程可在有关参考资料中查到。

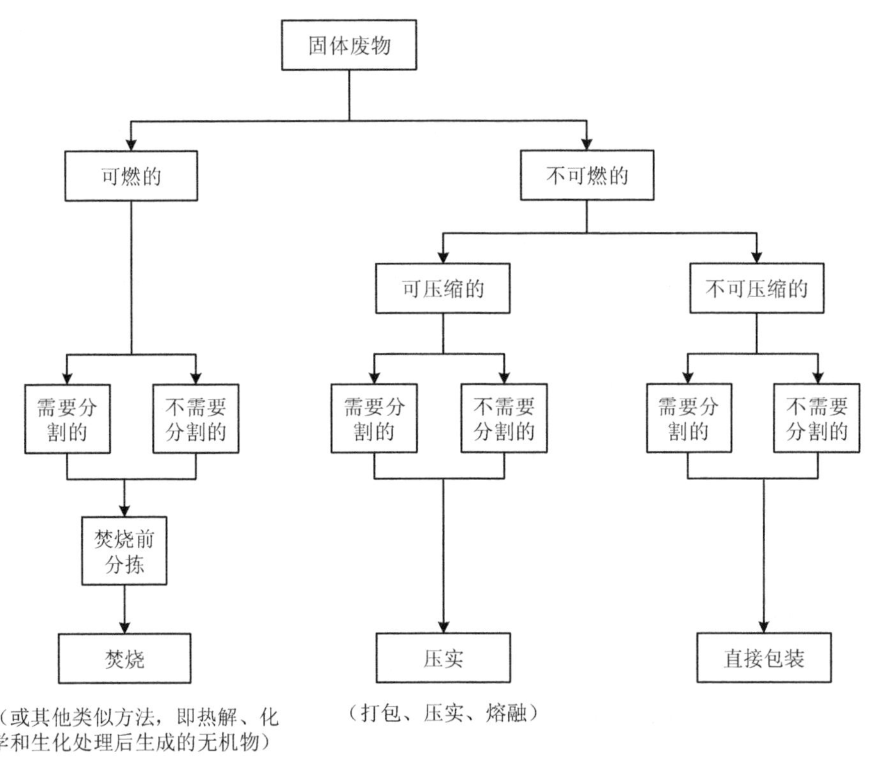

图 9-3 废物减容的主要途径

（2）液体废物的整备

退役液体废物主要为去污过程、分割过程中使用的冷却剂和油类。通过整备把这些液体废物转变成固体或类似于固体的产品。这样做有两点好处：在后续的贮存和运输中放射性物质分散和释放的风险大大降低；整备成固体产品时常常会有很大程度的减容。但水泥固化时往往要增容。常用的整备方法有焚烧、固化、过滤、蒸发、干燥。通常是把这几种方法联合起来使用。如将无机废液蒸发，再对其蒸残液进行干燥，可使废物中的水分降至总重量的10%左右；也可对蒸残液进行固化处理（水泥固化）。

（3）含α核素的退役废物整备

退役废物中若含有α核素则必须进行特殊处理，其原因是：

①为了减少操作人员吸入危险，对α核素微粒进行固化。

②为了能回收钚一类的裂变材料，将废物处理成合适的形式。

③为了将α废物与其他类型废物分开。

α核素通常有高达几千年或更长的半衰期，对它的处置须慎重地考虑。IAEA 技术系列报告 287 号中已经确定了一系列的α废物处理流程，并进行了讨论。这些流程中许多与非α废物的处理流程是类似的。如对固体废物的处理常采用去污、压实和焚烧；对液体废物的处理常采用蒸发、化学沉淀和过滤等。

（4）特殊退役废物的处理与整备

鉴于核设施退役废物的多样性，世界各国都相继针对废物形式提出的特殊要求和存在的特殊问题而开发了对各种特殊废物的处理与整备方法。其中有：

①沾污土壤和地下水的处理与整备（美国）。

②废离子交换树脂的整备（美国）。

③乏燃料的处置（德国）。

④镁诺克斯（Magnox）废物的整备（英国）。

⑤含氚废物的整备（德国）。

⑥高效空气过滤器（HEPA）的整备（英国）。

⑦放射性污染的混凝土的固定处理（欧盟）。

⑧石墨的整备（欧盟和法国）。

⑨液钠和钠/钾混合液的整备（英国）。

9.4 退役废物的贮存

根据《放射性废物管理规定》（GB 14500）的要求，退役废物不得长期贮存，必须及时地进行安全处置，退役废物的处置应作为核设施退役过程的一部分。但实际情况往往是：退役废物已整备，处置场还没有建成；或因为分阶段退役，先期退役废物要等待后期退役废物一同运往处置场。为使退役核设施场址得到充分利用、减小辐射危险，而将已整备的废物集中在原场址的某个合适的场所，称为就地暂存；或运往他处，称为异地暂存。无论就地暂存还是异地暂存都是临时措施。

目前采用较多的是就地暂存。因为除非是国家集中管理的暂存库，任何单位都不愿意把具有辐射危险的放射性废物引进来。此外，国家放射性废物暂存库也容纳不了核设施退役产生的大量废物。就地暂存设施必须满足 GB 11928 对放射性废物暂时贮存的要求，即：空间利用率高，可随时回取；有抗御意外灾害的能力（防火、防洪防水、抗震、防盗）；容积必须能容纳该核设施退役废物整备后的体积。退役废物一旦放进就地暂存设施，必须做到专项管理。包括：

①按 GB 11928 的规定执行。

②设置专职人员负责暂存设施的安全运行、辐射防护、环境保护及安全保卫工作。

③暂存设施在接收废物时应严格执行废物桶表面剂量低于 2 mSv/h、距表面 1 m 处小于 0.1 mSv/h 的剂量限值，废物桶表面污染应低于 0.4 Bq/cm^2（α）和 4 Bq/cm^2（β）的限值，在暂存设施运行期间也应遵守上述限值要求。

④定期开启排风系统，保证暂存设施内放射性气溶胶低于管理限值。

⑤做好日常管理，应有管理日记。

9.5 极低放废物和免管废物的管理

9.5.1 我国退役产生的极低放废物的管理

核设施退役和环境整治后除了产生必须进行整备的废物外，还有大量的轻微污染废物，即极低放废物。这类废物的特点是比活度低而数量大，如果都进行整备或送处置场处置，在经济上显然是不合理的。表 9-5 给出了我国几个核设施退役产生的极低放废物占全部退役废物的份额。对这类废物的管理采取就地填埋的方法。实践证明，就地填埋可节约大量的退役费用，在安全方面也是可以得到保证的。

表 9-5　极低放废物占全部退役废物的份额　　单位：%

退役核设施	重量	体积	总活度
1	99.36	99.37	73.00
2	97.54	98.34	0.39
3	81.65	74.04	<0.01

9.5.2　日本退役产生的污染混凝土的整备与处置

反应堆拆除过程中产生的材料中很大一部分是混凝土，通常，这些混凝土的放射性比活度都比较低，绝大多数作为普通的碎石或极低放废物加以处置。日本在拆除动力示范堆（JPDR，90 MWth 沸水堆）时产生了 1 700 t 极低放混凝土废物，为了安全装卸废物和防止产生扬尘，将这些混凝土废物装入由聚乙烯和聚酯制作的软性容器中，该软性容器分 3 层，容器外部尺寸约为：直径 1 m，高 1 m，容积 0.8 m^3。用卡车将软性容器运至处置设施，然后用移动式吊车放入处置坑。

容器之间的空隙用砂回填，第一层装满后，在其上覆盖 30 cm 厚的砂层，再放入第二层。处置坑可放入 3 层容器，每个处置坑可放置 90 个容器，处置坑的上部和侧面用渗透系数为 10^{-4}～10^{-3} cm/s 的土壤充填。废物放置工作已于 1996 年 3 月 28 日完成。总放射性活度为 230 MBq 的 1 700 t 极低放混凝土已放入处置设施。

表 9-6 列出了这些混凝土中放射性活度及最大放射性比活度。在处置设施上面覆盖 2.5 m 厚的土壤并在上面植树覆草。整个处置工作于 1996 年 5 月完成。覆盖后将对处置设施进行为期 30 年的监护，在这期间，对处置设施进行巡视、检查和维护，并对土地利用加以控制，该处置设施位于日本原子力研究所内，距东京东北方向 120 km 处，场址在太平洋海岸，距海岸 200 m。处置坑设在砂岩层中，处置坑外部尺寸为长 45 m、宽 16 m、深 3.5 m。内部被分隔成 6 块，设有活动顶盖。

表9-6 混凝土中核素特征

核素	放射性活度/Bq			最大放射性比活度/（Bq/t）
	活化混凝土	污染混凝土	合计	
^{3}H	1.7×10^{8}	7.5×10^{6}	1.8×10^{8}	1.1×10^{6}
^{14}C	4.0×10^{5}	6.9×10^{6}	7.3×10^{6}	2.0×10^{4}
^{36}Cl	1.2×10^{4}		1.2×10^{4}	77.0
^{41}Ca	7.4×10^{5}		7.4×10^{5}	4.8×10^{3}
^{60}Co	3.9×10^{6}	2.1×10^{6}	6.0×10^{6}	1.6×10^{5}
^{63}Ni	2.5×10^{6}	1.0×10^{7}	1.1×10^{7}	3.0×10^{4}
^{90}Sr	1.0×10^{5}	6.9×10^{6}	7.0×10^{6}	2.0×10^{4}
^{137}Cs	2.0×10^{4}	8.8×10^{5}	9.0×10^{5}	1.0×10^{4}
^{152}Eu	1.7×10^{7}		1.7×10^{7}	1.1×10^{5}
^{154}Eu	7.8×10^{5}		7.8×10^{5}	5.0×10^{3}
α发射体	3.4×10^{3}	2.2×10^{5}	2.2×10^{5}	6.4×10^{2}
合计	1.93×10^{8}	3.45×10^{7}	2.28×10^{8}	

第10章 放射性废物管理存在的问题及对策建议

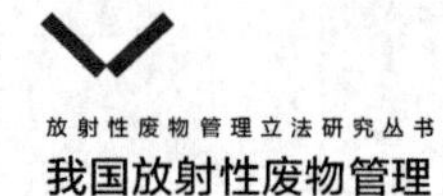

虽然我国放射性处置工作起步较早，并在法规建设、工程研发等方面取得了一定进展，但随着放射性废物产生量与日俱增，导致暂存风险持续加大，放射性废物处置能力与核能发展需求不适应的状况愈加突出。我国在建、运行核电机组达 56 个，居世界第三位，而且还在快速增长。目前，核电机组运行产生的低放固体废物已积存 1.3 万 m^3，且以每年 3 000 m^3 的速度递增。退役废物量通常为运行废物量的 3～5 倍。核燃料循环设施遗留各类长寿命中放废物累积近万立方米，高放废液几千立方米，设施的陆续退役还将产生更大量放射性废物。核技术利用发展迅速，国家废放射源集中贮存库和各省市核技术利用放射性废物暂存库已收贮废旧密封源达 15 万枚，在用和未来使用放射源数量远大于此。上述废物均在设施内暂存，尚未实施处置，除造成贮存压力（部分核电机组废物产生量超出暂存库设计容量，借助新建核电厂废物库暂存）外，对人员和环境的潜在风险逐年增加。此外，根据我国核电发展规模，乏燃料年产生量近 1 000 t，到 2020 年总量将达到 1 万 t。乏燃料处理项目实施在即，预期产生大量高、中、低等各类放射性废物。

10.1 存在的主要问题

专门法律缺失、体制机制不完善、资金不足等问题的存在是导致放射性废物处置工作与核能发展需求严重不适应的主要原因。基础研究薄弱且与技术研发、工程开发之间缺乏必要联系也对放射性废物处置安全及其可接受性带来不利影响。

10.1.1 专门法律缺失

缺少专门法律，不能解决长期性和系统性问题。放射性废物的典型特征之一是潜在危害的持续时间长，可达万年甚至百万年以上，代际公平问题突出，科学划分责任并确保责任落实是实现处置长期安全的必要基础之一。同时，放射性废物从产生、处理、贮存、排放、运输，到处置及处置后的长期监护，涉及环节多、周期长、管理层级繁杂、系统性强，相关研发与工程建设需要统筹规划与设计。我国已制定《中华人民共和国放射性污染防治法》和《中华人民共和国核安全法》，但立法分散，且受限于各自法律定位，无法解决责任划分、顶层规划设计等系统性、整体性问题，致使责任落实不力、研发力量分散、技术路线落地困难，废物处置整体工作进展缓慢。

由于缺少专门法律，各部门基于不同定位，制定不同系列的法规标准等技术文件，重叠交叉、定位混淆，且大多已经过时，未及时修订，对保障放射性废物处置安全带来不利影响。

10.1.2 体制机制不完善

地方政府责任未落实、执行机构层级低，核电厂放射性固体废物处置场选址困难。《中华人民共和国放射性污染防治法》和《放射性废物安全管理条例》明确规定地方政府应提供低、中放废物处置建设用地，支持处置场址建设。《中华人民共和国核安全法》进一步要求地方政府参与编制选址规划、确保放射性废物处置与核能发展需求相适应，但至今尚未建立相应体制机制，处置场选址缺少地方政府的有力支持。同时，从事低放废物处置选址和建造、运行等工作的单位隶属不同核电集团，层级低、难以承担协调地方政府和不同废物产生者之间关系的职责，单位数量多、难以形成合力，处置设施分散、增加环境风险与经济代价，且不符合资源优化原则。已建成的 3 个近地表处置场，西北处置场服务于核燃料循环设施和甘肃省内的低放废物，飞凤山处置场处置四川省内的低放废物，北龙处置场目前仅用作暂存设施。实际用于处置核电厂放射性废物的处置场近乎为无，远不能适应核电发展需求。目前各核电集团组织开展了处置场选址工作，但受制于当地公众接受性等因素，项目落地困难。

依据国发〔1992〕45 号文，由原核工业总公司组建专业放射性废物管理公司，负责我国放射性废物处置。随着国防科工局接管核工业总公司的政府职能，该专业公司的归属和性质发生改变，包括该公司在废物处置场选址、建设和运营等方面的管理职能都无法履行 45 号文中赋予的职责。此外，废物处置收费定价应考虑在国家物价管理部门指导下并在有废物产生者的代表参加的情况下核定。

10.1.3 政策与技术路线不全面

长寿命中放废物处置政策未落地，处置工作任重道远。核燃料循环设施内积存了大量含长寿命超铀核素的中放废液，其固化后产生固化体不能满足近地表处置接收要求。后处理设施建成后，此类废物数量将急剧增加。此外，核设施退役产生的堆内中子活化部件和废放射源所含核素寿命长、活度高，同样不能满足近地表处置安全要求。这些长寿命中放废物的处置，需要与环境的更高程度的长期隔离，国际上普遍采用地下深度大于 30 m 的中等深度处置。《中华人民共和国放射性污染防治法》采用早期的国际标准，没有对长寿命中放废物进行分类，导致我国长寿命中放废物处置工作无法开展。《中华人民共和国核安全法》和《放射性废物分类》明确中放废物可实施中等深度处置，解决了法律和处置路线的障碍。但是，由于没有开展技术研发，中放废物处置任重道远。

10.1.4 工程研发基础薄弱

高放废物处置执行机构缺失、资金支持不足，基础研究和工程研发基础薄弱。高放废物处置是一项涉及地质、水文、物理、放射化学、安全、环境工程等多学科，周期极长，技术复杂的系统工程，国际上通常在项目早期确定执行机构履行国家高放废物处置责任，统一规划和开展研发、选址和建造等工作，同时建立完善的资金保障机制，确保工作实施。我国高放废物处置研发工作至今已开展 40 多年，但仍未明确执行机构，将整体工作分为选址、设计、核素迁移和安全评价 4 个密切关联的部分，由 4 家单位分别承担。这一状况制约了研发的协调统一推进，同时专项资金支持的缺少，导致基础研究、工程研发和安全研究等基础薄弱且相互之间缺少协调，制约处置工作进展。

10.1.5 乏燃料贮存能力严重不足

当前世界乏燃料管理存在两种技术路线。一种是以美国为代表的一次性通过技术路线，比较典型的是将乏燃料当成具有一定固有安全性的高水平放射性固体废物，在核电厂厂址干法贮存，留待未来直接在高放废物地下处置库处置。另一种是以英国、法国为代表的闭式循环技术路线，即对乏燃料进行适当时间暂存后再进行后处理，将铀、钚等易裂变核素提取出来继续利用，残留的高放废液玻璃固化后在高放废物地下处置库处置。

我国实行乏燃料闭式循环的国家政策，已经进行了长达 30 多年的商用后处理技术研究和工程实践，近期正在建设后处理示范工程，并开展后处理大厂选址工作，但建成需要时日，且处理能力远远低于核电乏燃料产生量。近年来，由于乏燃料数量的迅速增长和未来更多的产生，以及后处理设施建设的巨大经济代价和技术难度，许多人对现有的国家政策提出质疑。由于后处理设施投资高、快堆建设缓慢，导致提取出来的铀、钚再利用困难，后处理设施建设缓慢。随着乏燃料数量的迅速增长和未来更多的产生，乏燃料管理面临很大压力。一些运行核电厂乏燃料无处可去，影响核电厂的正常运行，迫不得已转运至同厂址其他堆燃料水池暂存。多个运行核电厂计划建设干法贮存设施作为临时措施。乏燃料贮存能力不足问题主要源于对乏燃料闭式循环政策实施的全面性考虑不够。乏燃料贮存能力建设应综合考虑核电发展、乏燃料后处理与高放废物处置的规划，创新思路、优化设计，保障乏燃料贮存安全。

10.1.6　天然放射性废物环境风险需要重点关注

天然放射性废物处置政策不明确，处置前管理困难。稀土矿、磷矿、煤矿等矿产资源开发利用中产生大量天然放射性废物，铀、钍及其子体含量远高于天然放射性本底水平，国际上称之为人为活动引起的天然放射性（NORM）废物。此类废物产生量大，据不完全统计，每年产生量上千万吨，同时涉及行业多、安全目标具有特殊性，处置政策和技术具有复杂性，尚处于研究阶段。目前，NORM 废物管理主要存在以下问题：①管理无序。主要表现为：部分伴生矿企业环评形式化，或未执行环境评价和“三同时”制度；转移和处理放射性废物未经环保部门批准，或随意堆放废物，管理松懈；缺乏对职业人员的防护和培训；对工作场所及人员的管理要求不明确，工作人员缺少防护措施和设备；部分省市依然存在地方保护和越权审批现象等；企业由于多种原因处于停产、半停产状态，或转制、承包等使得辐射环境污染状况不容乐观。②放射性废物送贮困难。虽然法规中对废物处置提出了要求，但实践中由于此类废物体积非常大，部分省市废物库不收贮，而送交放射性固体废物处置场处置的费用较高，造成废物难以及时处置。目前在伴生矿开发利用中产生的放射性废物的主要出路是：送回原料地；向河水倾倒或填沟造地；处置在尾矿库中或堆积、露天堆放等，放置和处理方式存在安全隐患。

普遍存在的问题需要从制度上找原因。管理无序和废物收贮困难等问题存在的部分原因是法规标准不健全和地方政府、伴生矿企业和公众等利益相关者对伴生矿辐射环境管理认识的不足等，而更多在于管理机制的缺失，主要表现为：监管职责不明确、缺少具体的废物处置制度和资金保证制度，导致伴生矿企业、地方政府、监管部门等利益相关者缺乏实施管理的积极性。

①监管职责不明确。虽然《中华人民共和国放射性污染防治法》对伴生放射性矿开发利用中的放射性污染防治的监督责任作出了原则性规定，但相应的支撑性法规导则并未明确监督的范围和要求，《放射性废物安全管理条例》也未将伴生矿开发利用中产生的放射性废物纳入适用范围。作为伴生矿辐射环境管理的主体，伴生矿企业对伴生矿开发利用导致天然放射性水平升高的认识相对不足，同时，辐射环境影响是一个长期的综合过程，环境放射性水平的升高短期内并不显著带来安全和健康问题，在缺少明确的监管责任和要求

的情况下，环境保护的诉求往往让步于经济发展的要求，导致伴生矿企业对辐射环境管理缺乏积极性，出现管理无序等问题。

②如何安全处置产生的放射性废物是伴生矿辐射环境管理的制约因素之一。虽然法规要求对伴生矿开发利用中产生的放射性废物进行贮存和处置，但实践中缺少工程上可行、经济上合理的安全处置方式，导致上述要求的落实存在困难。如何针对特定废物选择适宜的处置方式是亟待解决的关键问题。在政策上缺少对处置设施安全性能和废物接收标准的要求，实践中缺少成熟工程经验的情况下，伴生矿企业和潜在的废物收贮与处置单位都缺乏收贮和处置此类废物的动力，造成废物收贮困难。

③资金保证制度的缺失是伴生矿辐射环境管理的另一个制约因素。工作人员的防护、废渣的处置、周边环境和公众的保护都将增加矿产企业的经营成本，没有资金保证作基础，企业往往因为管理费用的经济压力而放弃管理或流于形式，同时资金保证制度的缺失也造成放射性废物收贮困难。

此外，铀纯化/铀转化、铀富集、铀元件制造等核燃料循环前端设施产生的含铀废物，处置路线不明确，缺少相关法规标准，给处置前管理带来困难，如尚未建立废物分类、处理、整备、检测体系，将造成未来处置实施的技术困难和经济代价。

10.2 对策与建议

加快推进放射性废物及时安全处置是解决放射性废物环境安全问题的根本途径。通过对放射性废物处置现存问题及其政策、制度和技术等方面成因的分析，结合国外在放射性废物处置方面的良好实践，提出完善放射性废物处置立法体系、加快制定天然放射性废物处置政策、设立放射性废物处置执行机构、建设中等深度处置设施，推进深地质处置研发和利用高放废物处置库长期贮存乏燃料等对策与建议。

10.2.1 完善放射性废物管理法律体系

10.2.1.1 尽快制定放射性废物管理法

尽快立项制定放射性废物管理法，主要内容包括：

（1）明确处置责任

通过立法明确放射性废物管理最终责任由国家承担，处置设施选址和建造责任分别由地方政府和废物产生单位承担，并建立问责机制促进责任落实。

（2）确立放射性废物处置组织机构

协调我国现有放射性废物管理相关机构职能，建立责权明晰的放射性废物管理组织机构体系，包括管理机构、监管机构和执行机构。通过立法设立国家放射性废物处置主管机构，强化管理；明确执行机构主体，规定其职责范围、运作机制和资金体系等。

（3）建立国家放射性废物存量清单

建立国家放射性废物流存量清单，包括放射性废物现有存量和未来一定时间的预期产生量。明确放射性废物国家清单的地位、实施主体、废物信息调查与记录程序、定期更新与核查机制以及各废物产生单位的责任等。

（4）编制放射性废物处置国家规划

明确放射性废物处置顶层规划编制和修订的责任主体和程序，建立规划的审查机制，提出规划实施的保障措施和制度。

（5）建立放射性废物处置资金筹措和保证制度

建立放射性废物处置资金管理制度，明确资金来源、管理主体、使用范围和方法等，确保资金涵盖放射性废物处置研发，处置设施规划、选址、建造、运行、关闭和关闭后监护等各阶段费用。

（6）建立公众参与机制

建立完善的沟通协商机制和信息公开制度，保障公众放射性废物处置设施选址、建造、运行，特别是长期监护中的知情权，妥善引导公众合理表达诉求，在推进放射性废物安全处置过程中发挥积极作用。

10.2.1.2　修订《放射性废物安全管理条例》，制定配套规章

根据《中华人民共和国核安全法》对放射性废物管理提出的一系列新要求，考虑《中华人民共和国放射性废物处置法》的主要内容，修订《放射性废物安全管理条例》，特别是设立高放废物处置执行机构、落实地方政府在放射性废物处置规划编制与处置设施关闭后监护等方面的责任。制定《放射性废物地质处置安全规定》《放射性废物近地表处置安全规定》等配套规章，确保条例实施。

10.2.1.3　完善法规与标准体系

2017 年，我国发布《中华人民共和国核安全法》，对放射性废物管理提出一系列新要求，也为放射性废物管理法规体系的完善提供了重要契机。一方面，通过修订《放射性废

物安全管理条例》，细化和落实《中华人民共和国核安全法》中有关放射性废物处理许可、处置责任划分、处置设施关闭后安全监护管理等方面的要求，针对放射性废物产生、处置前管理、处置、信息管理和许可制度等不同方面制定专门的管理和技术规章及一系列技术导则。另一方面，通过修订《放射性废物安全管理条例》，纳入《放射性废物安全监督管理规定》和《放射性废物管理规定》（GB 14500—2002）中有关管理和总体要求的内容，形成放射性废物管理的全面要求，作为对《中华人民共和国放射性废物管理法》的细化和实施文件，如表 10-1 和图 10-1 所示。

①以《中华人民共和国放射性废物管理法》为统领，梳理现有的部门规章、导则和标准。从管理和技术两个方面构建我国放射性废物处置法规和标准两个体系，统一放射性废物处置安全要求。

②整合法规与标准，建立放射性废物处置安全标准体系。在核与辐射安全监管体系中，建立放射性废物管理安全技术标准系列文件，作为技术规章的细化要求，其在效力上具有强制性，在适用范围上具有普适性。

③规范法规标准中内容的描述方式，与其层级、效力和性质相适应。梳理我国现有法规标准，规范不同层级、不同类型文件内容的描述方式，区分技术与管理、强制与推荐、总体与细化等要求。部门规章和核安全系列标准具有强制性，管理类规章和相应导则具有管理性质，技术规章及相关导则和标准应突出技术性。

表 10-1　放射性废物管理法规体系

层级		
法律		核安全法，辐射防护法，放射性废物管理法
行政法规		民用核设施安全监督管理条例，放射性废物安全管理条例
部门规章	管理规章	放射性废物处理、贮存与处置许可管理办法，核设施退役许可管理办法
	技术规章	放射性废物信息管理规定，放射性废物处置安全规定，放射性废物处置前管理规定
导则	管理导则	许可申请文件要求
	技术导则	安全分析报告格式与内容，审评大纲
技术文件		

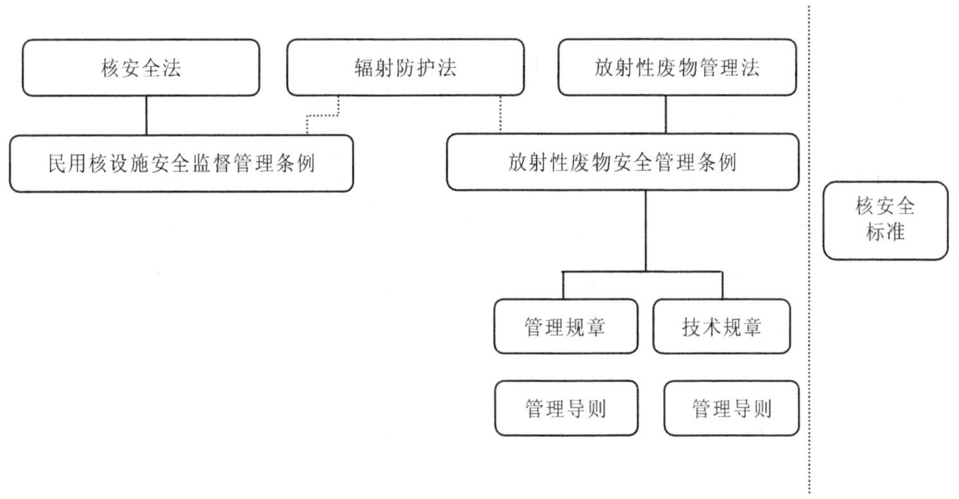

图 10-1 建议的法规标准体系

10.2.2 加快制定天然放射性废物处置政策

10.2.2.1 核燃料循环前端放射性废物处置政策

根据天然放射性废物（包括铀矿冶废物、NORM 废物和核燃料循环前端含铀废物）的特性和天然放射性核素的安全目标与管理特点，研究确定天然放射性废物处置的可行策略，包括废矿井处置、中等深度处置、近地表处置、填埋处置等。根据不同的处置策略确定天然放射性废物的具体分类及其限值。

铀前端废物应属于天然放射性废物，按照天然放射性废物管理原则选择处置方式，才是科学合理的；从长期安全角度，采用近地表处置场、废矿井或铀尾矿库等设施处置铀前端废物均能满足辐射防护要求，而从处置理念角度，采用废矿井、铀尾矿库等设施更具优势。应基于上述结论，明确核燃料循环前端放射性固体废物属于天然放射性废物，将其按照天然放射性废物进行管理，实行和铀矿冶废物相同的处置方式。同时开展工程技术研究，尽快安全处置。

①围绕铀尾矿库（废矿井）处置方式进一步开展研究，完善现有的法规标准体系，包括在现有的放射性废物分类体系中纳入铀前端废物的分类理念，开发废物整备技术标准、铀尾矿库接收标准和废物处置前管理导则等。

②进一步开展核燃料循环前端放射性固体废物管理和处置的安全要求与相关技术等

研究工作。

③建立有效的组织机制，统一规划和实施铀前端废物的处置工作。

10.2.2.2 NORM 废物处置政策

NORM 废物对环境的辐射影响是一个长期的综合过程，为避免带来高昂代价，应及早建立有效的管理体系，制定矿产资源开发利用废物管理政策、部门规章、技术导则和技术标准，明确 NORM 废物范畴和分类，深入开展 NORM 行业放射性调查和辐射影响评价研究，实施源头控制和全过程监管，加强基础性科学问题研究和工程技术研究，尽快安全处置。

①研究制定《天然放射性废物管理规定》。明确我国 NORM 废物管理范畴，既能够与现行法规标准和审管制度衔接，也要补充完善一致的放射性指标要求。进一步完善 NORM 废物分类管理（如伴生矿产资源开发利用、建材、氡照射控制等方面）的行业标准，逐步规范和形成天然放射性废物管理的法规标准体系。

②开展全国性重点 NORM 行业放射性调查和关键环节辐射影响评价研究。针对重点伴生放射性矿产资源开发实施源头控制，针对 NORM 物料生产、加工到产品流通（含尾矿处置）的关键环节实施全过程监管。完善并细化名录管理制度。加强基础性科学问题和相关问题研究。例如，适合我国实际情况的大批量物料的天然放射性核素豁免（或清洁解控）水平值推导、进出口的伴生矿产资源及其他含天然放射性物质的管理等。

③以监管机构为主导，强化监管机构职责。与辐射环境监管机构相比，NORM 企业管理人员在辐射环境管理方面的认识和能力普遍不足，难以履行相应的管理职责，因此，强化监管机构在辐射环境管理中的作用，以监管机构为主导可以作为推进伴生矿开发利用辐射环境管理、解决管理无序问题的一条途径。由于 NORM 企业数量多、规模各异，建议在生态环境部对全国 NORM 开发利用辐射环境实施统一监督管理的基础上，以地方辐射环境监管机构（辐射环境监督站）为辐射环境管理的主体和责任单位，通过制定技术导则和监管措施、组织研究和实施管理技术和方法，引导企业减少放射性核素的富集和天然放射性水平升高带来的潜在危害。在具体的管理方法上实施分级管理，针对不同的污染源，采取不同的管理措施，以合理分配行政管理资源，如 IAEA 建议采取通知、注册和许可三种审管方式；加拿大根据公众和工作人员所受有效剂量分为不控制、NORM 管理、剂量管理和辐射防护管理四级管理；澳大利亚分为筛选评价（评价人有效剂量 1 mSv/a）和许可审管（NORM 管理计划、辐射管理计划）。

④开发 NORM 放射性废物处置示范工程。以生态环境部（国家核安全局）为组织实施主体，选取特定的伴生矿工业和企业（如稀土矿企业），针对现有积存的放射性废物研究开发废物处置策略、选址技术与处置工程设施，为地方监管机构和伴生矿企业实施废物处置提供示范和技术指导，推进相关安全标准的制定。处置策略和工程设施的开发通常考虑放射性废物的活度水平：对于放射性水平较低的废物宜就近处置，如回填采空区等；放射性水平较高的废物宜按就近原则送交填埋场和低、中放固体废物处置场。

⑤建立资金保证制度。建议建立由辐射环境监管部门、NORM 行业主管部门、国家财政部门等多部门参与的协调机构，如 NORM 辐射环境管理办公室，负责组织制定资金保证制度，包括资金筹措、管理组织、管理形式和使用方法等。采用基金式管理，设立管理委员会和监督委员会，基于财权与事权的统一，由监管机构成立管理委员会，将基金用于辐射环境的治理、为减少放射性核素的富集和放射性废物的产生对工艺技术的改进与优化和放射性废物处置等方面。由伴生矿企业、地方政府等共同成立监督委员会，对基金的管理和使用情况进行监督管理。根据“污染者付费”的理念，管理资金主要来自产生污染的伴生矿企业，构成伴生矿开发利用的必然成本，并以税费或保证金等形式体现，包括预提保证金、废物处置基金和对企业所致污染的罚金等。

10.2.3 完善体制机制，加快低放废物处置选址

10.2.3.1 提升放射性废物管理部门层级，增加人员

在国务院核工业行业主管部门内新设立司级部门，人员编制 20 人左右，专门负责全国放射性废物处置前与处置工作的顶层设计、总体布局、统筹协调、整体推进、督促落实，组织编制国家放射性废物管理规划和放射性废物处置场所选址规划，组织实施放射性废物处置的研发、选址、建设、运营和关闭等各阶段工作。

增设放射性废物管理专家委员会，作为国务院核工业行业主管部门在放射性废物管理方面的常设技术咨询机构，负责放射性废物管理国家规划和相关重大项目的技术咨询与评审。

在国务院生态环境主管部门，增强放射性废物安全监管人员与技术力量，强化对放射性废物管理国家执行机构和设施的监管，参与放射性废物管理国家规划和放射性废物处置场所选址规划的编制，并负责督查省级地方政府在放射性废物处置方面的履职情况。

10.2.3.2 设立国家放射性废物处置执行机构

设立国家放射性废物处置执行机构，性质为事业单位，统一开展高放废物处置库、中放废物处置场和低放废物处置场的研发、选址、建造、运营以及关闭期间的管理工作，并承担国家放射性废物处置选址规划的编制和实施工作。执行机构为处置设施的业主单位和许可证持有单位，负责处置设施及其场址的长期管理，授权履行国家在放射性废物长期处置方面的职责。国务院核工业行业主管部门通过设立科研与工程专项为机构运行提供资金保障。

落实《中华人民共和国核安全法》和《放射性废物安全管理条例》中有关放射性废物处置单位资质管理的要求。推行低放废物处置场商业化运营模式，鼓励有资质单位通过合同发包形式承担处置场整体运行或某项具体活动，促进专业发展和技术创新。

10.2.3.3 落实省级人民政府在核电厂放射性废物处置中的责任

落实省级人民政府在低放废物处置场规划编制、选址和关闭后监护的法律责任。已有或拟建核电厂的省级政府设立放射性废物处置协调机构，应积极履行《中华人民共和国核安全法》和《中华人民共和国放射性污染防治法》规定的职责，研究提出在其行政区域内建设低放废物处置场或送交其他处置场处置的建议，并参与国家低放废物处置场所选址规划的编制。省级政府应根据国家低放废物处置场所选址规划，提供处置场建设用地，为规划中明确在本辖区内建设的放射性废物处置设施的建造与运行提供必要支持，同时承担其辖区内放射性废物处置设施关闭后的安全监护工作；或与其他省级政府签订废物送交处置的协议，并向其提供生态补偿费。

10.2.3.4 建立环境补偿机制

生态环境部组织研究建立不同省及省内不同地区放射性废物处置的环境补偿机制，明确环境补偿的主体和客体、补偿标准，以及核电厂、核燃料循环设施等不同废物产生者在补偿中所占比例。具体环境补偿金额，应由废物产生地与处置地的省级人民政府协商确定。

10.2.4 建设中等深度处置设施，推进深地质处置研发

10.2.4.1 尽快在甘肃省开始中等深度处置场选址

明确中等深度处置场由国家建造和运营。根据我国国情和中放废物量，拟建设一个集中的中等深度处置场。利用我国高放废物处置选址积累的资料，尽快在甘肃省区开展中等

废物处置场选址工作。根据法国等国外实践，考虑于高放废物处置场区处置中放废物。

10.2.4.2 制订国家中等深度处置研发计划

设立国家科研专项，制订国家中等深度处置研发计划并组织实施。研发计划中应包括法规标准、废物处理、废物容器、场址调查与评价、处置技术、安全评价与安全全过程系统分析等内容。

10.2.4.3 加快高放废物地下实验室建设

落实《高放废物地质处置研究开发规划指南》，加快地下实验室建设进程，努力在 2020 年建设高放废物地质处置地下实验室。

10.2.5 利用高放废物处置库长期贮存乏燃料

坚持乏燃料闭式循环的国家政策，适度建设后处理设施，保持后处理设施建设与快堆建设相协调；乏燃料短期贮存与高放废物处置库长期贮存相结合，留待未来后处理。

10.2.5.1 适度建设后处理设施

后处理设施的建设规模与进度应与快堆建设相协调，有效解决后处理产品的出路，保证后处理设施的经济性。适度建设后处理设施，减轻乏燃料贮存压力，有利于乏燃料贮存安全。

即使暂时不建设快堆，保持一定的后处理能力也是十分必要的。像美国这样实行一次通过技术路线的国家，也仍旧保持后处理能力，特别是研发能力。在实行闭式循环技术路线的我国，更为必要。适当的后处理能力可以保持较高水平的研发、运行能力，以便在快堆推广时具备国际领先的后处理技术。

后处理设施的建设规模与进度，应与快堆建设相协调。建设多大规模的后处理设施，主要取决于快堆的建设规模和建设进度，而不是压水堆的建设规模。与快堆建设相协调，可以有效地解决后处理产品的出路，保证后处理设施的经济性。

目前有些学者将后处理得到的铀钚经济性与浓缩设施得到的铀经济性直接相比，认为后处理的经济性不足，笔者认为这样的比较方法和得出的结论有待商榷。后处理技术主要是为了提取铀、钚用于快堆，而不是返回至压水堆。目前由于快堆建设相对较慢，后处理产品不得不应用至压水堆。如果后处理得到的铀、钚产品不能有效利用，就没有经济性，在市场经济下没有前景。国际上目前也只有法国持续运行较大规模的后处理设施。因此，后处理设施的建设必须与快堆建设相协调。后处理的经济性评价必须考虑快堆因素，而不能孤立看待。

此外，适度建设后处理设施，有利于乏燃料贮存安全。可以在后处理设施厂址内建设大型乏燃料湿法贮存设施，解决目前压水堆乏燃料暂存问题，避免每个核电厂址都建设乏燃料干法贮存设施，减少乏燃料干式贮存设施的数量，有利于安全。

10.2.5.2　采用干、湿贮存相结合的方式

针对乏燃料快速增长和后处理能力相对滞后的矛盾，采用“干、湿贮存相结合，分散与集中相衔接方式”统筹贮存能力布局。在后处理设施规模与快堆发展相协调的情形下，压水堆乏燃料的数量与后处理能力不协调的情况会在相当长的一段时间内存在，必然有大量的乏燃料需要贮存，留待未来后处理。目前一些运行核电厂正在厂址内建设乏燃料干式贮存设施，以保障核电运行。可以在后处理设施厂址内建设大型乏燃料湿法贮存设施，避免每个核电厂址都建设乏燃料干法贮存设施，有利于安全。

10.2.5.3　乏燃料在高放废物处置库长期贮存

在后处理设施规模与快堆发展相协调的情形下，后处理能力与乏燃料数量不协调的情况会在相当长一段时间内存在，因此，乏燃料长期安全贮存问题是制约乏燃料闭式循环政策有效实施的关键因素。

地质处置库能够提供高放废物（包括乏燃料）与外部环境上万年的安全隔离，更可有力确保乏燃料长期贮存安全。高放废物地质处置库的可观处置容量，可以满足所有乏燃料的长期贮存需求，其设计上的可回取性，也为乏燃料长期贮存提供了一种更为安全和经济的途径。

地质处置库能够提供乏燃料与外部环境上万年的安全隔离，可有力确保乏燃料长期贮存安全。鉴于一个国家一般建设一个高放废物地质处置库，因此对于中国这样的核大国，高放废物地质处置库必然具有相当规模的处置容量，可以满足所有乏燃料的长期贮存需求。

乏燃料在高放废物处置库中的可回取性，是能否采用高放废物处置库进行乏燃料长期贮存的关键。目前，国际上对采取可回取方法进行高放废物地质处置已经形成广泛共识，开展了大量的研究，并且已具有一定的工程实践。法国更将可回取明确列入放射性废物处置的法律要求中，将可回取性作为地质处置库许可批准的必要条件。通常，可回取性应确保乏燃料在放入地质处置库后的200年内可回取。地质处置库可回取技术的主要起因在于乏燃料的资源禀性、为未来人类保留选择权利和获得公众认可等，但客观上为乏燃料长期贮存提供了一种更为安全和经济的途径，从规模上更具优势。

10.2.5.4 短期贮存与长期贮存相结合

高放废物地质处置库可实现乏燃料长期贮存，但鉴于目前尚未开始建设，因此需要与短期贮存统筹考虑，将长期贮存和短期贮存相结合，以满足乏燃料长期安全管理的需求。根据国家高放废物处置研发计划，2020 年前建成地下实验室，2050 年前建成高放废物地下处置库。根据国际高放废物地质处置研发的实践经验，地质处置库的建设周期可能会比预期更长。为此，应结合地质处置库的建造进展，规划乏燃料的干法或湿法暂存。在高放废物处置库中增加乏燃料长期贮存的建设目的，也可推动高放废物处置库的建设，同时可扩充处置库建设的资金来源，有利于高放废物长期安全。

在坚持乏燃料闭式循环政策的前提下，适当考虑部分乏燃料的直接处置。根据国际乏燃料管理实践经验，由于后处理技术制约、乏燃料所含有用核素不足和后处理燃料利用价值低等因素，部分乏燃料或某些类型乏燃料不宜进行后处理，而应实行直接处置。从经济性考虑，在乏燃料长期贮存基础上可适当考虑对部分乏燃料进行直接处置，以合理确定乏燃料未来后处理需求，减少乏燃料长期贮存压力，从经济性角度更好地确保乏燃料长期安全。

因此，在高放废物处置库中对乏燃料进行长期贮存，可有效解决乏燃料的长期贮存问题。

10.2.5.5 合理规划高放废物处置的建设目标和规模

将高放废物处置库的建设与核电发展相结合，加快推进高放废物处置库建设，考虑乏燃料长期贮存需求。统筹考虑高放废液固化体、重水堆和高温气冷堆等堆型乏燃料的处置需求，以及留待后处理的乏燃料的长期贮存需求，合理确定高放废物处置库的建设规模。

高放废物处置库的建设进度，应考虑乏燃料短期贮存（湿法或干法在堆贮存）能力，确保乏燃料短期贮存与长期贮存相衔接。同时，在高放废物处置研发规划中，考虑可回取性、乏燃料贮存方案及其安全的研发内容。

将高放废物处置库的建设与核电发展相结合，在高放废物处置库建设目标中，增加乏燃料长期贮存的内容。明确提出在高放废物处置库设计中应考虑可回取性，将可回取设计特性和可回取时间与乏燃料长期贮存期限的需求相结合。分别考虑湿法暂存乏燃料和干法暂存乏燃料的贮存方案，以及轻水堆、重水堆、高温气冷堆等不同类型乏燃料的贮存和处置方案，即在建设目标中要纳入相应的建设内容。在处置库的设计中考虑乏燃料贮存与后续处置目标的衔接。

统筹考虑来自乏燃料后处理的高放废液固化体的处置需求，重水堆和高温气冷堆等暂时不宜后处理的乏燃料的处置需求，以及压水堆等拟未来进行后处理的乏燃料的长期贮存需求，合理确定高放废物处置库的建设规模。基于现有的高放废液固化工艺，将乏燃料在处置库中长期贮存不会增加预期的建设规模。

高放废物处置库的建设进度，应考虑乏燃料短期贮存（湿法或干法在堆贮存）的能力，确保乏燃料短期贮存与长期贮存的衔接。乏燃料在高放废物处置库中长期暂存具有安全和经济上的优势，但如果处置库的建设进度无法确保短期贮存的乏燃料及时运出，而不得不增加短期暂存能力，则不可避免地在整体上造成经济损失和安全风险增加。

在高放废物处置研发规划中，考虑可回取性、乏燃料贮存方案及其安全的研发内容，同时在高放废物地质处置地下实验室的设计和相关研发项目中考虑可回取和乏燃料贮存安全的现场试验，包括可回取设计特征的可行性和可靠性、贮存容器长期安全性及其与周围材料的相适性。

10.2.5.6 使用乏燃料资金

基于乏燃料长期贮存的目的，高放废物处置库的建设可部分使用乏燃料基金。2010年，财政部、国家发展和改革委员会、工业和信息化部发布实施《核电站乏燃料处理处置基金征收使用管理暂行办法》，国家原子能机构于2014年制定《核电站乏燃料处理处置基金项目管理办法》，明确基金使用范围和方法。截至2019年年底该基金累计117亿元，可用于乏燃料贮存和后处理。若将高放废物处置库作为乏燃料长期贮存的方案，则可从乏燃料离堆贮存角度得到该基金的支持。这将有力推进高放废物处置工作进展，临时解决高放废物处置面临的缺少专项基金支持的困境。

参考文献

[1] International Atomic Energy Agency（IAEA）：IAEA Safety Standards Series No. SF-1. Fundamental Safety Principles，Safety Fundamentals，Vienna，2006.

[2] IAEA. Safety Assessment for Near Surface Disposal of Radioactive Waste. safety guide No.WS-G-1.1. Vienna，1999.

[3] ICRP. Radiation Protection Recommendations as Applied to the Disposal of Long-lived Solid Radioactive Waste. ICRP Publication 81. July 2000.

[4] ICRP. Recommendations of the International Commission on Radiological Protection. ICRP Publication 60，1990.

[5] OECD/NEA. Disposal of Radioactive Waste – Can Long-Term Safety Be Evaluated? Paris，1991.

[6] Learning and Adapting to Societal Requirements for Radioactive Waste Management，NEA No. 5296，Paris，OECD. 2004.

[7] Stepwise Approach to Decision Making for Long-term Radioactive Waste Management，NEA No. 4429，Paris，OECD. 2004.

[8] The Regulator's Evolving Role and Image in Radioactive Waste Management，NEA No. 4428，Paris，OECD. 2003.

[9] A. Bleise，P.R. Danesi，W. Burkart. Properties，Use and Health Effects of Depleted Uranium（DU）：a General Overview[J]. Journal of Environmental Radioactivity，2003，64：93-112；WHO. Guidelines for Drinking Water Quality，Health Criteria and other Supporting Information（second ed.）. Geneva，Switzerland，1998.

[10] Food and Agriculture Organization of the United Nations，International Labour Organisation，Oecd Nuclear Energy Agency，Pan American Health Organization，World Health Organization，International

Basic Safety Standards for Protection against Ionizing Radiation and for the Safety of Radiation Sources, Safety Series No. 115, IAEA, Vienna (1996).

[11] France. Fourth National Report on Compliance with the Joint Convention Obligations, the Joint Convention on the Safety of Spent Fuel Management and on the Safety of Radioactive Waste Management. 2011.

[12] GREVOZ, A. "Disposal options for low-level long lived waste in France", Disposal of Low Activity Radioactive Waste (Proc. Int. Symp. Cordoba, Spain, 2004), IAEA, Vienna, 2005.

[13] IAEA. Classification of Radioactive Waste. Safety Series No. 111-G-1.1, 1994.

[14] IAEA. Classification of Radioactive Waste. IAEA. GSG-1, 2009.

[15] IAEA. Disposal Approaches for Long Lived Low and Intermediate Level Radioactive Waste. No.NW-T-1.20, 2009.

[16] IAEA. Application of the Concepts of Exclusion, Exclusion Clearance. RS-G-1.7, 2004.

[17] IAEA. Derivation of Activity Limits for the Disposal of Radioactive Waste in Near Surface Disposal Facilities. TECDOC-1380, 2003.

[18] IAEA. Extrapolation of Short Term Observations to Time Periods Relevant to the Isolation of Long Lived Radioactive Waste. TECDOC-1177, 2000.

[19] IAEA. Natural Activity Concentrations and Fluxes as Indicators for the Safety Assessment of Radioactive Waste Disposal. TECDOC-1464, 2005.

[20] IAEA. Regulatory and Management Approaches for the Control of Environmental Residues Containing Naturally Occurring Radioactive Material (NORM). TECDOC-1484. 2006.

[21] ICRP. Radiation Protection Recommendations as Applied to the Disposal of Long-lived Solid Radioactive Waste. ICRP Publication 81, 2000.

[22] Japan. Joint Convention on the Safety of Spent Fuel Management and on the Safety of Radioactive Waste Management National Report of Japan for the Fourth Review Meeting. 2011.

[23] Minon, J.P., Dierckx, A., De Preter, P. "Issues for the Disposition of Long Lived Low Activity Waste" (Proc. Int. Symp. Cordoba, Spain, 2004). IAEA, Vienna, 2005.

[24] NRC. Licensing Requirements for Land Disposal of Radioactive Waste. 10 CFR 61, 1992.

[25] NRC. Response to Commission Order CLI-05-20 Regarding Depleted Uranium. Commission Paper SECY-08-0147, October, 7, 2008.

[26] NRC. "Staff Requirements – SECY-08-0147 – Response to Commission Order CLI-05-20 Regarding Depleted Uranium," Commission Staff Requirements Memorandum SRM-SECY-08-0147, March 18, 2009.

[27] NRC. Summary of Existing Guidance that may be Relevant for Reviewing Performance Assessments Supporting Disposal of Unique Waste Streams. FSME-10-030, 2010.

[28] NRC. Site Specific Analysis for Demonstrating Compliance with Subpart C Performance Objectives, Preliminary Proposed Rule Language. 10CFR61, 2011.

[29] U.S. Department of State. United States of America Fourth National Report for the Joint Convention on the Safety of Spent Fuel Management and on the Safety of Radioactive Waste Management，U.S. Department of Energy，In Cooperation with the U.S. Nuclear Regulatory Commission，U.S. Environmental Protection Agency，2011.

[30] 乏燃料管理安全与放射性废物管理安全联合公约中国第二次履约报告. 2011.

[31] 放射性废物的分类，GB 9133—1995.

[32] 国家质量监督检验检疫局. 电离辐射防护与辐射源安全基本标准（GB 18871—2002）. 2002.

[33] 国家环境保护局. 低中水平放射性固体废物的浅地层处置规定（GB 9132—88）. 1988.

[34] 国家质量监督检验检疫局. 铀矿冶辐射防护和环境保护规定（GB 23727—2009）. 2009.

[35] 谷存礼. 镭厂退役废物分类与处理处置.辐射防护通讯，1999，5.

[36] 罗上庚. 放射性废物处理与处置. 中国环境科学出版社，2007.

[37] 放射性废物管理政策与策略. NW-G-1.1，2009.

[38] U.S. General Accounting Office. Nuclear Waste：Slow Progress Developing Low-Level Radioactive Waste Disposal Facilities（GAO/RCED-92-61）. 1992.

[39] Public Law 99-240. Low-Level Radioactive Waste Policy Amendments Act. 1985.

[40] A. Marice Ashe，The Low-Level Radioactive Waste Policy Act and the Tenth Amendment：A Paragon of Legislative Success or a Failure of Accountability，Ecology Law Quarterly，Volume 20 Issue 2.

[41] 洪哲，赵善桂，张春龙，等. 我国乏燃料离堆贮存需求分析. 核科学与工程，2016，36（3）：411-418.

[42] 国家发展和改革委员会.核电中长期发展规划（2005—2020 年）. 2007，10.

[43] 国防科工委.核工业“十一五”发展规划. 2006，8.

[44] 国务院新闻办公室. 中国的能源政策（2012）. 2012，10.

[45] 国务院办公厅. 能源发展战略行动计划（2014—2020 年）. 2014，11.

[46] 国防科工局. “十三五”核工业发展规划. 2017，2.

[47]《乏燃料管理安全和放射性废物管理安全联合公约》第六次审议会议中国国家报告. 2017，7.

[48] 国家发展和改革委员会，国家能源局.关于印发《能源技术革命创新行动计划（2016—2030 年）》的通知（发改能源〔2016〕513 号）. 2016，4.

[49] 国家发展和改革委员会，国家能源局. 能源技术革命重点创新行动路线图. 2016，4.

[50] ANDRA. Analysis of Reversibility Levels of a Repository in a Deep Argillates Formation，Rep. CRPAHVL04.0028.2005.

[51] OECD/NEA. Reversibility of Decisions and Retrievability of Radioactive Waste：An Overview of Regulatory Positions and Issues. 2015.

[52] 国防科学技术工业委员会，科学技术部，国家环境保护总局. 高放废物地质处置研究开发规划指南. 2006，2.

[53] 潘自强，钱七虎. 高放废物地质处置战略研究. 北京：原子能出版社，2009.

[54] 张建平，王琳. 世界高放废物地质处置及 R&R 研究进展. 能源研究与管理.2015，6.

[55] 孙庆红. 伴生放射性废物管理探讨. 辐射防护通讯，2005，25（4）：17-24.

[56] 罗建军，孙庆红. NORM/TENORM 照射的管理. 辐射防护通讯，2009，29（3）：4-12.

[57] 帅震清，温维辉，赵亚民，等. 伴生放射性矿物资源开发利用中放射性污染现状与对策研究. 辐射防护通讯，2001，21（2）：3-7.

[58] 苏永杰，封有才. 我国伴生放射性矿环境管理中存在问题的讨论. 辐射防护通讯，2007，27（1）：23-27.

[59] 叶际达，孔玲莉. 五省放射性伴生石煤矿开发和利用对环境影响研究. 辐射防护，2004，24（1）：1-23.

[60] 潘自强. 我国天然辐射水平和控制中一些问题的讨论. 辐射防护，2001，21（5）：257-268.

[61] 戴霞，刁端阳，孙自然. 江苏省伴生放射性矿开发利用中环境保护管理的现状及改进. 辐射防护通讯，2007，27（2）：24-27.

[62] 李业强，田伟，葛良全，等. 重庆市伴生放射性水平调查. 三峡环境与生态，2007，2（6）：6-8.

[63] 陈志东，林清，邓飞，等. 广东省伴生放射性矿资源利用过程辐射水平调查. 辐射防护，2002，22（5）：29-32.

[64] 李莹，万明，陈晓峰，等. 江西省伴生放射性石煤矿开发利用环境影响研究，辐射防护，2004，24（5）：297-313.

[65] 范智文. 铀、钍伴生矿放射性废物的管理. 辐射防护通讯，2001，21（5）：7-10.

[66] 夏益华. 关注人类生活引起天然照射的增加问题. 辐射防护，2001，21（1）：11-18.

[67] 潘自强. 人为活动引起的天然辐射职业性照射的控制——我国国民所受的最大和最高职业照射. 中国辐射卫生，2002，11（3）：129-133.

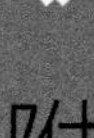

附 录

附录 1　我国放射性废物管理相关法律、法规、导则、标准

L.5.1　有关的法律

名称	颁布机关	施行年份
中华人民共和国环境保护法	全国人民代表大会常务委员会	2015（修订）
中华人民共和国水污染防治法	全国人民代表大会常务委员会	2017（修订）
中华人民共和国大气污染防治法	全国人民代表大会常务委员会	2018（修订）
中华人民共和国海洋环境保护法	全国人民代表大会常务委员会	2017（修订）
中华人民共和国安全生产法	全国人民代表大会常务委员会	2014（修订）
中华人民共和国环境影响评价法	全国人民代表大会常务委员会	2018（修订）
中华人民共和国放射性污染防治法	全国人民代表大会常务委员会	2003
中华人民共和国固体废物污染环境防治法	全国人民代表大会常务委员会	2016（修订）
中华人民共和国职业病防治法	全国人民代表大会常务委员会	2018（修订）
中华人民共和国核安全法	全国人民代表大会常务委员会	2018

L.5.2 有关的行政法规

名称	发布机关	施行年份
中华人民共和国民用核设施安全监督管理条例	国务院	1986
中华人民共和国核材料管制条例	国务院	1987
中华人民共和国核电厂核事故应急管理条例	国务院	2011（修订）
中华人民共和国核出口管制条例	国务院	2006（修订）
中华人民共和国核两用品及相关技术出口管制条例	国务院	2007（修订）
放射性同位素与射线装置安全和防护条例	国务院	2019（修订）
民用核安全设备监督管理条例	国务院	2008
放射性物品运输安全管理条例	国务院	2010
危险化学品安全管理条例	国务院	2013（修订）
放射性废物安全管理条例	国务院	2012

L.5.3 有关的规章

名称	颁布机关	施行年份
1 通用系列		
中华人民共和国民用核设施安全监督管理条例实施细则之一附件一——核电厂操纵人员执照颁发和管理程序	国家核安全局	1993
中华人民共和国民用核设施安全监督管理条例实施细则之二——核设施的安全监督	国家核安全局	1995
中华人民共和国民用核设施安全监督管理条例实施细则之二附件一——核电厂营运单位报告制度	国家核安全局	1995
中华人民共和国民用核设施安全监督管理条例实施细则之二附件二——研究堆营运单位报告制度	国家核安全局	1995
中华人民共和国民用核设施安全监督管理条例实施细则之二附件三——核燃料循环设施的报告制度	国家核安全局	1995
核电厂事故应急管理条例实施细则之一——核电厂营运单位的应急准备和应急响应	国家核安全局	1998
核电厂质量保证安全规定	国家核安全局	1991
核反应堆乏燃料道路运输管理暂行规定	国家原子能机构、公安部、交通部、卫生部	2003
核产品转运及过境运输审批管理办法（试行）	国家原子能机构	2000

名称	颁布机关	施行年份
核与辐射安全监督检查人员证件管理办法	环境保护部	2014
核动力厂、研究堆、核燃料循环设施安全许可程序规定	生态环境部	2019
2　核动力厂系列		
核电厂厂址选择安全规定	国家核安全局	1991
核动力厂设计安全规定	国家核安全局	2016（修订）
核电厂运行安全规定	国家核安全局	2004
核电厂运行安全规定附件一——核电厂换料、修改和事故停堆管理	国家核安全局	1994
运行核电厂经验反馈管理办法	国家核安全局	2012
福岛核事故后核电厂改进行动通用技术要求	国家核安全局	2012
3　研究堆系列		
研究堆设计安全规定	国家核安全局	1995
研究堆运行安全规定	国家核安全局	1995
4　非堆核燃料循环设施系列		
民用核燃料循环设施安全规定	国家核安全局	1993
5　乏燃料和放射性废物管理系列		
乏燃料后处理厂潜在事故的假设	国家核安全局	1995
乏燃料后处理厂设计安全准则	国家核安全局	1995
放射性废物安全监督管理规定	国家核安全局	1997
放射源分类办法	国家环境保护总局	2005
核技术利用放射性废物库选址、设计与建造技术要求（试行）	国家环境保护总局	2004
核设施退役及放射性废物治理管理规定	国家原子能机构	2010
核电站乏燃料处理处置基金征收使用管理暂行办法	财政部、国家发展和改革委员会、国家原子能机构	2010
核电站乏燃料处理处置基金项目管理办法	国家原子能机构	2014
放射性固体废物贮存和处置许可管理办法	环境保护部	2014
放射性废物分类	环境保护部、工业和信息化部、国防科工局	2018
6　应急系列		
核事故辐射影响越境应急管理规定	国家原子能机构	2002
核事故辐射应急时对公众防护的干预原则和水平	国家核安全局、国家环境保护局	1991
核事故辐射应急时对公众防护的导出干预水平	国家核安全局、国家环境保护局	1991
放射源和辐射技术应用应急准备与响应	国家原子能机构、卫生部	2003
核电厂核事故应急准备专项收入管理规定	财政部、国家原子能机构	2007

名称	颁布机关	施行年份
严重事故应急后期的防护措施和恢复工作决策	国家原子能机构	2000
放射性物质运输事故应急准备与响应	国家原子能机构	2000
核应急演习管理规定	国家核事故应急协调委员会	2015
核应急培训管理办法	国家核事故应急协调委员会	2015
核事故信息发布管理办法	国家核事故应急协调委员会	2015
国家核应急值班网络运行管理办法	国家核事故应急办公室	2015
核电厂核事故应急报告管理办法	国家核事故应急协调委员会	2016
国家级核应急专业技术支持中心和救援分队管理办法	国家核事故应急协调委员会	2016
国家核应急救援辐射监测现场技术支持分队建设规范	国家核事故应急协调委员会	2016
国家核应急救援航空辐射监测分队建设规范	国家核事故应急协调委员会	2016
国家核应急海洋辐射监测技术支持中心和国家核应急救援海洋辐射监测分队建设规范	国家核事故应急协调委员会	2016
国家核应急救援辐射防护现场技术支持分队建设规范	国家核事故应急协调委员会	2016
国家核应急医学救援分队建设规范	国家核事故应急协调委员会	2016
核应急救援方案编制要则	国家核事故应急办公室	2016
7 核材料管制系列		
中华人民共和国核材料管制条例实施细则	国家核安全局、能源部、国家原子能机构	1990
8 民用核安全设备监督管理系列		
民用核安全设备设计制造安装和无损检验监督管理规定	国家环境保护总局	2007
民用核安全设备无损检验人员资格管理规定	国家环境保护总局	2007
民用核安全设备焊工焊接操作工资格管理规定	国家环境保护总局	2007
进口民用核安全设备监督管理规定	国家环境保护总局	2008
9 放射性物品运输管理系列		
放射性物品运输安全许可管理办法	生态环境部	2019（修订）
放射性物品运输安全监督管理办法	环境保护部	2016
10 放射性同位素和射线装置监督管理系列		
放射性同位素与射线装置安全许可管理办法	生态环境部	2019（修订）
放射性同位素与射线装置安全和防护管理办法	环境保护部	2011
11 其他		
放射工作人员职业健康管理办法	卫生部	2007
环境保护公众参与办法	环境保护部	2015
环境影响评价公众参与办法	生态环境部	2019

L.5.4 有关的导则

名称	发布机关	施行年限
1　通用系列		
核动力厂营运单位的应急准备和应急响应（HAD 002/01）	国家核安全局	2019（修订）
地方政府对核动力厂的应急准备（HAD 002/02）	国家核安全局、国家环境保护局、卫生部	1990
核事故辐射应急时对公众防护的干预原则和水平（HAD 002/03）	国家核安全局、国家环境保护局	1991
核事故辐射应急时对公众防护的导出干预水平（HAD 002/04）	国家核安全局、国家环境保护局	1991
核事故医学应急准备和响应（HAD 002/05）	国家核安全局、卫生部	1992
研究堆营运单位的应急准备和应急响应（HAD 002/06）	国家核安全局	2019（修订）
核燃料循环设施营运单位的应急准备和应急响应（HAD 002/07）	国家核安全局	2019（修订）
核电厂质量保证大纲的制定（HAD 003/01）	国家核安全局	1988
核电厂质量保证组织（HAD 003/02）	国家核安全局	1989
核电厂物项和服务采购中的质量保证（HAD 003/03）	国家核安全局	1986
核电厂质量保证记录制度（HAD 003/04）	国家核安全局	1986
核电厂质量保证监查（HAD 003/05）	国家核安全局	1988
核电厂设计中的质量保证（HAD 003/06）	国家核安全局	1986
核电厂建造期间的质量保证（HAD 003/07）	国家核安全局	1987
核电厂物项制造中的质量保证（HAD 003/08）	国家核安全局	1986
核电厂调试和运行期间的质量保证（HAD 003/09）	国家核安全局	1988
核燃料组件采购、设计和制造中的质量保证（HAD 003/10）	国家核安全局	1989
2　核动力厂系列		
核电厂厂址选择中的地震问题（HAD 101/01）	国家核安全局、国家地震局	1994
核电厂厂址选择的大气弥散问题（HAD 101/02）	国家核安全局	1987
核电厂厂址选择及评价的人口分布问题（HAD 101/03）	国家核安全局	1987
核电厂厂址选择的外部人为事件（HAD 101/04）	国家核安全局	1989
核电厂厂址选择中的放射性物质水力弥散问题（HAD 101/05）	国家核安全局	1991
核电厂厂址选择与水文地质的关系（HAD 101/06）	国家核安全局	1991
核电厂厂址查勘（HAD 101/07）	国家核安全局	1989

名称	发布机关	施行年限
滨河核电厂厂址设计基准洪水的确定（HAD 101/08）	国家核安全局	1989
滨海核电厂厂址设计基准洪水的确定（HAD 101/09）	国家核安全局	1990
核电厂厂址选择的极端气象事件（HAD 101/10）	国家核安全局	1991
核电厂设计基准热带气旋（HAD 101/11）	国家核安全局	1991
核电厂的地基安全问题（HAD 101/12）	国家核安全局	1990
核电厂设计总的安全原则（HAD 102/01）	国家核安全局	1989
核电厂的抗震设计与鉴定（HAD 102/02）	国家核安全局	1996
用于沸水堆、压水堆和压力管式反应堆的安全功能和部件分级（HAD 102/03）	国家核安全局	1986
核电厂内部飞射物及其二次效应的防护（HAD 102/04）	国家核安全局	1986
与核电厂设计有关的外部人为事件（HAD 102/05）	国家核安全局	1989
核电厂反应堆安全壳系统的设计（HAD 102/06）	国家核安全局	1990
核电厂堆芯的安全设计（HAD 102/07）	国家核安全局	1989
核电厂反应堆冷却剂系统及其有关系统（HAD 102/08）	国家核安全局	1989
核电厂最终热阱及其直接有关输热系统（HAD 102/09）	国家核安全局	1987
核电厂保护系统及有关设施（HAD 102/10）	国家核安全局	1988
核电厂防火（HAD 102/11）	国家核安全局	1996
核电厂辐射防护设计（HAD 102/12）	国家核安全局	1990
核电厂应急动力系统（HAD 102/13）	国家核安全局	1996
核电厂安全有关仪表和控制系统（HAD 102/14）	国家核安全局	1988
核电厂燃料装卸和贮存系统设计（HAD 102/15）	国家核安全局	2007
核动力厂基于计算机的安全重要系统软件（HAD 102/16）	国家核安全局	2004
核动力厂安全分析与验证（HAD 102/17）	国家核安全局	2006
核动力厂运行限值和条件及运行规程（HAD 103/01）	国家核安全局	2005
核电厂调试程序（HAD 103/02）	国家核安全局	1987
核电厂堆芯和燃料管理（HAD 103/03）	国家核安全局	1989
核电厂运行期间的辐射防护（HAD 103/04）	国家核安全局	1990
核动力厂人员的招聘、培训和授权（HAD 103/05）	国家核安全局	2013
核动力厂营运单位的组织和安全运行管理（HAD 103/06）	国家核安全局	2006
核电厂在役检查（HAD 103/07）	国家核安全局	1988
核电厂维修（HAD 103/08）	国家核安全局	1993
核电厂安全重要物项的监督（HAD 103/09）	国家核安全局	1993
核动力厂运行防火安全（HAD 103/10）	国家核安全局	2005
核动力厂定期安全审查（HAD 103/11）	国家核安全局	2006
核动力厂老化管理（HAD 103/12）	国家核安全局	2012

名称	发布机关	施行年限
3　研究堆系列		
研究堆安全分析报告的格式和内容（HAD 201/01）	国家核安全局	1996
研究堆运行管理（HAD 202/01）	国家核安全局	1989
临界装置运行及实验管理（HAD 202/02）	国家核安全局	1989
研究堆定期安全审查（HAD 202/02）	国家核安全局	2017
研究堆的应用和修改（HAD 202/03）	国家核安全局	1996
研究堆长期停堆安全管理（HAD 202/03）	国家核安全局	2017
研究堆和临界装置退役（HAD 202/04）	国家核安全局	1992
研究堆调试（HAD 202/05）	国家核安全局	2010
研究堆维修、定期试验和检查（HAD 202/06）	国家核安全局	2010
研究堆堆芯管理和燃料装卸（HAD 202/07）	国家核安全局	2012
4　非堆核燃料循环设施系列		
铀燃料加工设施安全分析报告的标准格式与内容（HAD 301/01）	国家核安全局	1991
乏燃料贮存设施的设计（HAD 301/02）	国家核安全局	1998
乏燃料贮存设施的运行（HAD 301/03）	国家核安全局	1998
乏燃料贮存设施的安全分析（HAD 301/04）	国家核安全局	1998
5　放射性废物管理系列		
核电厂放射性排出流和废物管理（HAD 401/01）	国家核安全局	1990
核电厂放射性废物管理系统的设计（HAD 401/02）	国家核安全局	1997
放射性废物焚烧设施的设计与运行（HAD 401/03）	国家核安全局	1997
放射性废物近地表处置场选址（HAD 401/05）	国家核安全局	1998
高水平放射性废物地质处置设施选址（HAD 401/06）	国家核安全局	2013
γ 辐照装置退役（HAD 401/07）	国家核安全局	2013
核设施放射性废物最小化（HAD 401/08）	国家核安全局	2016
放射性废物处置设施的监测和检查（HAD 401/09）	国家核安全局	2019
6　核材料管制系列		
低浓铀转换及元件制造厂核材料衡算（HAD 501/01）	国家核安全局	2008
核设施实物保护（HAD 501/02）	国家核安全局	2018
核设施周界入侵报警系统（HAD 501/03）	国家核安全局	2005
核设施出入口控制（HAD 501/04）	国家核安全局	2008
核材料运输实物保护（HAD 501/05）	国家核安全局	2008
核设施实物保护和核材料衡算与控制安全分析报告格式和内容（HAD 501/06）	国家核安全局	2008
核动力厂核材料衡算（HAD 501/07）	国家核安全局	2008

名称	发布机关	施行年限
7　民用核安全设备监督管理系列		
民用核安全机械设备模拟件制作（试行）（HAD 601/01）	国家核安全局	2013
民用核安全设备安装许可证申请单位技术条件（试行）（HAD 601/02）	国家核安全局	2013
8　放射性物品运输管理系列		
放射性物品运输容器设计安全评价（分析）报告的标准格式和内容（HAD 701/01）	国家核安全局	2010
放射性物品运输核与辐射安全分析报告书标准格式和内容（HAD 701/02）	国家核安全局	2014
9　放射性同位素和射线装置监督管理系列		
城市放射性废物库安全防范系统要求（HAD 802/01）	国家核安全局	2017

L.5.5　有关的标准

名称	发布机关	施行年限
1　通用系列		
电离辐射防护与辐射源安全基本标准（GB 18871—2002）	国家质量监督检验检疫总局	2002
操作非密封源的辐射防护规定（GB 11930—2010）	国家质量监督检验检疫总局、国家标准化管理委员会	2011
核科学技术术语　第3部分：核燃料与核燃料循环（GB/T 4960.3—2010）	国家质量监督检验检疫总局、国家标准化管理委员会	2011
核科学技术术语　第5部分：辐射防护与辐射源安全（GB/T 4960.5—1996）	国家技术监督局	1996
核科学技术术语　第7部分：核材料管制与核保障（GB/T 4960.7—2010）	国家质量监督检验检疫总局、国家标准化管理委员会	2011
核科学技术术语　第8部分：放射性废物管理（GB/T 4960.8—2008）	国家质量监督检验检疫总局、国家标准化管理委员会	2008
放射性物质安全运输规程（GB 11806—2019）	生态环境部、国家市场监督管理总局	2019
放射性物质运输包装质量保证（GB/T 15219—2009）	国家质量监督检验检疫总局、国家标准化管理委员会	2009
可免于辐射防护监管的物料中的放射性核素活度浓度（GB 27742—2011）	国家质量监督检验检疫总局、国家标准化管理委员会	2012
2　核动力厂系列		
核动力厂环境辐射防护规定（GB 6249—2011）	环境保护部、国家质量监督检验检疫总局	2011
核燃料后处理厂乏燃料溶解系统安全设计准则（EJ/T 1142—2002）	国家原子能机构	2003
压水堆核电厂乏燃料贮存设施设计准则（EJ/T 883—2006）	国家原子能机构	2007
乏燃料离堆贮存水池安全设计准则（EJ/T 878—2011）	国家原子能机构	2011

名称	发布机关	施行年限
3　放射性废物管理系列		
3.1　基础性文件		
放射性废物管理规定（GB 14500—2002）	国家质量监督检验检疫总局	2003
3.2　废物的产生、预处理、处理和排放		
核燃料循环放射性流出物归一化排放量管理限值（GB 13695—1992）	国家技术监督局	1993
核辐射环境质量评价的一般规定（GB 11215—1989）	国家环境保护局	1990
核设施流出物和环境放射性监测质量保证计划的一般要求（GB 11216—1989）	国家环境保护局	1990
环境保护图形标志排放口（源）（GB 155621.1—1995）	国家环境保护局	1997
医用放射性废物的卫生防护管理（GBZ 133—2009）	卫生部	2009
压水堆核电厂运行状态下的放射性源项（GB/T 13976—2008）	国家质量监督检验检疫总局、国家标准化管理委员会	2009
放射性污染表面的去污　第 1 部分：试验与评价去污难易程度的方法（GB/T 14057.1—2008）	国家质量监督检验检疫总局、国家标准化管理委员会	2009
放射性污染表面的去污　第 2 部分：纺织品去污剂的试验方法（GB/T 14057.2—2011）	国家质量监督检验检疫总局、国家标准化管理委员会	2011
放射性废物体和废物包的特性鉴定（EJ 1186—2005）	国防科学技术工业委员会	2005
低、中水平放射性废物减容系统技术规定（EJ/T 795—1993）	中国核工业总公司	1994
3.3　废物整备		
低、中水平放射性废物固化体标准浸出试验方法（GB/T 7023—2011）	国家质量监督检验检疫总局、国家标准化管理委员会	2012
低、中水平放射性固体废物包安全标准（GB 12711—2018）	生态环境部、国家市场监督管理总局	2019
低、中水平放射性废物固化体性能要求　水泥固化体（GB 14569.1—2011）	环境保护部、国家质量监督检验检疫总局	2011
低、中水平放射性废物固化体性能要求　沥青固化体（GB 14569.3—1995）	国家技术监督局	1996
低、中水平放射性废物高完整性容器——球墨铸铁容器（GB 36900.1—2018）	生态环境部、国家市场监督管理总局	2019
低、中水平放射性废物高完整性容器——混凝土容器（GB 36900.2—2018）	生态环境部、国家市场监督管理总局	2019
低、中水平放射性废物高完整性容器——交联高密度聚乙烯容器（GB 36900.3—2018）	生态环境部、国家市场监督管理总局	2019
低、中水平放射性固体废物容器　钢桶（EJ 1042—2014）	国家国防科技工业局	2014
低、中水平放射性固体废物容器　钢箱（EJ 1076—2014）	国家国防科技工业局	2014
低、中水平放射性固体废物混凝土容器（EJ/T 914—2000）	国防科学技术工业委员会	2000

名称	发布机关	施行年限
3.4 废物贮存		
低、中水平放射性固体废物暂时贮存规定（GB 11928—1989）	国家技术监督局	1990
高水平放射性废液贮存厂房设计规定（GB 11929—2011）	国家质量监督检验检疫总局、国家标准化管理委员会	2012
核电厂低、中水平放射性固体废物暂时贮存技术规定（GB 14589—1993）	国家技术监督局	1993
低、中水平放射性固体废物暂时贮存库安全分析报告要求（EJ/T 532—1990）	中国核工业总公司	1990
3.5 废物处置		
低、中水平放射性固体废物近地表处置安全规定（GB 9132—2018）	生态环境部、国家市场监督管理总局	2019
低、中水平放射性固体废物的岩洞处置规定（GB 13600—1992）	国家技术监督局	1993
环境保护图形标志固体废物贮存（处置场）（GB 15562.2—1995）	国家环境保护局	1995
低、中水平放射性废物近地表处置场环境辐射监测的一般要求（GB/T 15950—1995）	国家环境保护局、国家技术监督局	1996
低、中水平放射性废物近地表处置设施设计规定　非岩洞型处置（EJ/T 1109.1—2000）	国防科学技术工业委员会	2000
低、中水平放射性废物近地表处置设施设计规定　岩洞型处置（EJ/T 1109.2—2002）	国防科学技术工业委员会	2002
放射性固体废物浅地层处置环境影响报告书的格式与内容（HJ/T 5.2—1993）	国家环境保护局	1993
低、中水平放射性废物近地表处置设施的选址（HJ/T 23—1998）	国家环境保护局	1998
极低水平放射性废物的填埋处置（GB/T 28178—2011）	国家质量监督检验检疫总局、国家标准化管理委员会	2012
拟再循环、再利用或作非放射性废物处置的固体物质的放射性活度测量（GB/T 17947—2008）	国家质量监督检验检疫总局、国家标准化管理委员会	2009
3.6 核设施退役与环境整治		
反应堆退役环境管理技术规定（GB 14588—2009）	国家质量监督检验检疫总局	2009
核设施的钢铁、铝、镍和铜再循环、再利用的清洁解控水平（GB 17567—2009）	国家质量监督检验检疫总局、国家标准化管理委员会	2009
核设施退役安全要求（GB/T 19597—2004）	国家质量监督检验检疫总局、国家标准化管理委员会	2005
核燃料后处理退役辐射防护规定（EJ 588—1991）	中国核工业总公司	1992
生产堆退役的去污技术准则（EJ/T 941—1995）	中国核工业总公司	1995
铀加工及燃料制造设施退役环境影响报告的标准格式与内容（EJ/T 1037—1996）	中国核工业总公司	1997
拟开放场址土壤中残留放射性可接受水平规定（暂行）（HJ 53—2000）	国家环境保护总局	2000

名称	发布机关	施行年限
3.7　铀矿冶放射性废物管理		
铀、钍矿冶放射性废物安全管理技术规定（GB 14585—1993）	国家环境保护局、国家技术监督局	1994
铀矿冶设施退役环境管理技术规定（GB 14586—1993）	国家环境保护局、国家技术监督局	1994
铀矿冶辐射环境监测规定（GB 23726—2009）	环境保护部、国家质量监督检验检疫总局	2010
铀矿冶辐射防护和环境保护规定（GB 23727—2009）	国家质量监督检验检疫总局、国家标准化管理委员会	2010
铀矿冶辐射环境影响评价规定（GB/T 23728—2009）	环境保护部、国家质量监督检验检疫总局	2009
铀矿堆浸、地浸环境保护技术规定（EJ 1007—1996）	中国核工业总公司	1996
铀矿冶设施选址规定（EJ/T 1171—2004）	国家原子能机构	2004

附录 2　国务院批转国家环境保护局关于我国中、低水平放射性废物处置的环境政策的通知

（国发〔1992〕45 号）

各省、自治区、直辖市人民政府，国务院各部委、各直属机构：

国务院同意国家环境保护局《关于我国中、低水平放射性废物处置的环境政策》，现转发给你们，请结合实际情况，认真贯彻执行。

一九九二年七月三十日

国家环境保护局关于我国中、低水平放射性废物处置的环境政策

（一九九二年六月二十四日）

我国的原子能事业从 50 年代起步以来，为加强我国的国防力量做出了不可估量的贡献，原子能和平利用还为我国的国民经济、文教卫生和科学事业的振兴发展发挥了巨大作用。但是，由于经济、技术等多种原因，核工业系统及其他部门 30 多年来遗留的放射性废物的处置问题没有得到彻底解决，现在核电站运行又将产生新的废物。放射性废物的处置已是环境保护面临的重大问题之一。为了消除暂存放射性废物所构成的隐患，保护环境，保障人民健康，根据我国的具体情况，对中、低水平放射性废物的处置提出以下环境政策：

一、尽快固化暂存的放射性废液。核工业系统及其他部门 30 多年来暂存的中、低水平放射性废液，应制定切实可行的废液固化计划，报国家有关部门批准后实施。原则上不批准核电站设置废液长期暂存罐，核电站产生的中、低水平放射性废液应及时妥善固化。放射性同位素应用单位和其他核科研生产单位暂存的少量放射性废液，也应制定固化计划报所在省级环境保护行政主管部门批准后进行固化。

二、限制中、低水平放射性废液固化体和中、低水平放射性固体废物的暂存年限。核电站产生的中、低水平放射性废液固化体和中、低水平放射性固体废物的暂存年限暂定为 5 年，今后有条件时再缩短。核工业系统及其他部门的中、低水平放射性废液固化体，暂存期限以能满足设施运行的要求为限；目前暂存的中、低水平放射性固体废物，在处置场建成后必须迅速送处置场处置。城市放射性废物库暂存的少量含长半衰期核素的固体废物，在国家处置场建成后最终也应送处置场。

三、建造区域性中、低水平放射性废物处置场。在中、低水平放射性废物相对集中的地区陆续建设国家中、低水平放射性废物处置场，分别处置该区域内或临近区域内的中、低水平放射性废物。处置场的管理机构应相对独立，财务上独立核算。各级人民政府及有关部门应为处置场的选址、建造和运营提供必要的支持和帮助。

四、关于管理体系。核工业总公司负责中、低水平放射性废物区域性处置场的选址、建造和运营。核工业总公司要将中、低水平放射性废物区域性处置场的建设纳入其基建计

划。运营后纳入其管理体制进行管理。凡产生中、低水平放射性废物的企业、事业单位的上级主管部门，有责任检查和督促其所属企业、事业单位妥善处理和处置放射性废物。国务院和各省、自治区、直辖市人民政府的环境保护行政主管部门，负责监督中、低水平放射性废物的处置活动。国务院环境保护行政主管部门负责处置场环境影响报告书的审批，组织制定和发布有关的标准和规范；各省、自治区、直辖市环境保护行政主管部门负责监督处置场的环境保护工作。

五、落实资金渠道。为了尽快建成中、低水平放射性废物处置场，应筹措启动资金。由国家有关部门安排一笔长期贷款，并在核电站的基建费中安排一部分资金，作为启动资金。国家计委在审查核电站的立项申请时，应对废物处置场基建资金予以保证。启动资金主要用于处置场的前期费、建造费和初期运行费。处置场建成后实行有偿服务。所收费用用于归还贷款和维持运行。收费标准由国务院环境保护行政主管部门与有关部门研究确定。核电站和其他核设施的放射性废物处置费用应纳入整个工程项目，按环境保护“三同时”原则实施，并列入生产成本。根据实际需要，适当增加军用核设施的放射性废物处置的投资。核工业军品生产遗留的放射性废物处理、处置应纳入全国放射性废物处置计划。